CONTENTS

PATCH WORK 拼布教室
Autumn Edition 2022 no. 28

以鍾愛的零碼布併接而成的零碼拼布，充滿了手作的醍醐味。去蕪存菁地凝聚喜愛布材的作品，縫製樂趣不言而喻，光是眼睛看著或是用手觸摸時，都能帶來幸福感。

請以零碼布特集作為參考，製作出唯有你才擁有的珍貴拼布。本期亦收錄聖誕節拼布單元，刊載了作為禮物，必定深受喜愛的各式單品。使用新花色的聖誕印花布的華麗作品也備受矚目。無論是適合秋天外出搭配的單色系手作包，或是為即將到來的寒季，進行省電節能措施的作品等，書中將為您豐富滿載。邀請您以拼布享受手作之秋的悠悠樂趣！

隨書附贈 原寸紙型＆拼布圖案

U0086785

攝影／山本和正

花朵貼布縫的
月刊拼布

③

共分為4期連載，製作花朵的貼布縫拼布。
第1期至第2期，每期各製作3片。第3期製作3片圖案及格狀長條飾邊。
第4期則是製作外框飾邊。
與我一同讓精心製作的花朵盛開於壁飾上吧！

原浩美

①

第3期添加了下段3片的區塊與格狀長條飾邊。
只要併接9片區塊與菱形的格狀長條飾邊，就會變身成值得一看的精緻表布。

設計・製作／原浩美

＊完成如圖所示的拼布＊

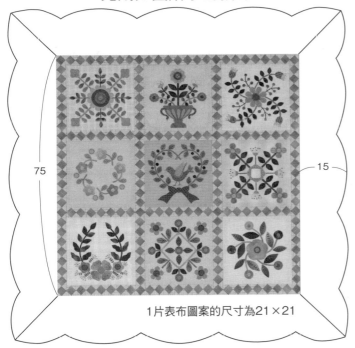

75   15

1片表布圖案的尺寸為21×21

於周圍接縫上扇形的飾邊。
在飾邊上進行貼布縫。
下段的3片表布圖案與格狀長條飾邊原寸紙型A面⑩。

格狀長條飾邊
縫合順序

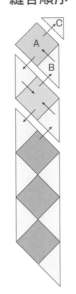

由記號處縫合至記
號處，縫份倒向箭
頭指示的方向。

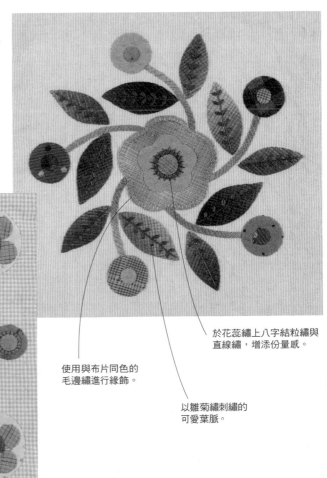

分別接縫縱向及橫向的格狀長條飾邊，待表布圖案與橫向的
格狀長條飾邊併接之後，再與縱向的格狀長條飾邊接縫。縫
份倒向表布圖案側。

於中心的大花朵上，
如同風車般地接縫小
圓花的動態設計。

花朵及葉子也都呈現左右對稱的設
計。均衡地添加了像是薺菜般的小
花刺繡。

於花蕊繡上八字結粒繡與
直線繡，增添份量感。

使用與布片同色的
毛邊繡進行緣飾。

將圓形花朵往四面八方
延伸，使台布上開滿了
花朵。

以雛菊繡刺繡的
可愛葉脈。

攝影／山本和正

零碼布的愛用法則
漫玩秋天的有趣拼布

身為拼布人，就算是多細小的碎布片，
也會想要珍惜地物盡其用。
不妨將自己喜愛的布，或是帶有回憶的布，
使用得淋漓盡致，享受作品製作的樂趣吧！

襯托表布圖案的布片運用

2

斜向配置有如冰雪結晶般花樣的「雪
花」圖案，為了使花樣的布片更顯醒
目，與白底的素面區塊作一組合。

設計／佐藤尚子　製作／窪田はる江
220×169cm　作法P.86

將「線捲」與「線軸」的表布圖案，以鮮豔活潑的色彩進行配色的布作飾框。「線捲」是將中心的布片細分成幾段後，成為活用零碼布的設計。「線軸」則是沿著布片的形狀進行刺繡的紅線刺繡為重點。

設計・製作／no.3 水越文子　no.4 松山敦子
內徑尺寸24×24cm　作法P.88

將鋸齒狀模樣為特徵的「印第安人的婚戒」的圖案形狀，加以活用的圓形裝飾墊。為能襯托三角形布片的出色，搭配素布與零碼布。

設計／佐藤尚子
製作／飯島貞子　佐藤尚子
直徑26.5cm　作法P.88

以粉彩色給人柔和印象的「鋸齒」圖案抱枕。
將底色部分的布片配置象牙白色系印花布的零
碼布，使整體呈現一致性。

設計‧製作／山崎良子
45×45cm

⑥

抱枕

材料（1件的用量）
各式拼接用布片　C用布50×30cm　後片
用布55×50cm　鋪棉、胚布各50×50cm
長40cm 拉鍊1條

作法順序
拼接布片A與B，製作並接縫9片表布圖
案→接縫布片C之後，製作表布→疊放上
鋪棉與胚布之後，進行壓線→製作後片
→將前片與後片正面相對疊合後，縫合
周圍。

作法重點
‧圖案的縫合順序請參照P.80。
‧正面相對縫合時，請預先拉開拉鍊。
‧周圍的縫份以Z字形車縫進行收邊處理。

※A與B原寸紙型B面⑱。

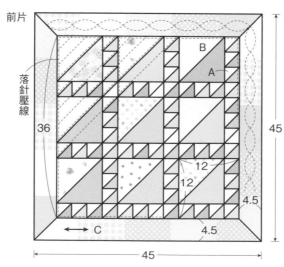

前片

原寸壓線圖案

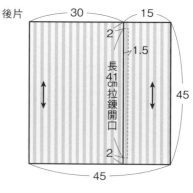

後片

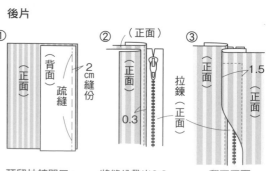

後片

① 預留拉鍊開口，
縫合上下。

② 將縫份帶出0.3cm
之後，縫合固定於
拉鍊上。

③ 翻至正面，
將拉鍊接縫
固定

將「英國長春藤」圖案斜向排列，並以色彩繽紛的印花零碼布，將朝向正面的花樣進行配色。寬版飾邊上亦排列布片運用的「四宮格」圖案，營造歡熱喧騰的印象。

設計・製作／青山康子　190×160.5㎝　作法P.87

花樣部分全部使用不同的布片進行配色。

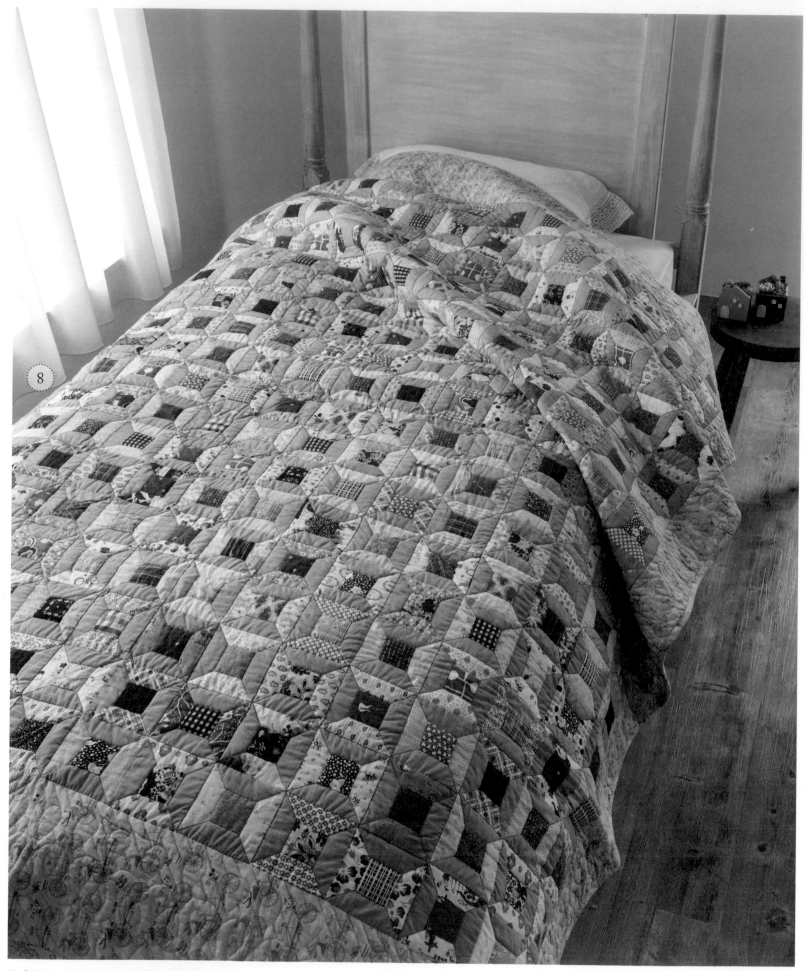

將「線捲」圖案的方向交錯且大量排列的床罩。
配置上使基底呈現柔和色調的素布，用以襯托出花樣的醒目。

設計／岩井たかこ　製作／西田良江
222×182cm　作法P.87

將「小木屋」圖案的一部分
布片作出尖銳狀，為浮現出
環形花樣及花朵模樣而進行
配色的桌墊。花樣部分則使
用引人注目的小碎花圖案的
LIBERTY印花零碼布。

設計・製作／渕上みどり
62×218cm　作法P.89

9

使用高人氣北歐印花布的復刻布，製作手
提袋與波奇包。手提袋直接使用復刻布併
接而成，縫製成立體的樣式。

設計・製作／今村美佐子
手提袋27×31㎝ 波奇包16×24㎝
作法P.90

布料提供（Tilda-HOMETOWN fabrics mix）／（有）Scanjap
Incorporated（Tilda）

將自己喜愛的圖案美麗地收
入在六角形布片中，製成主
角的鑰匙波奇包。內裝了金
屬吊飾環，可安裝在手提袋
的提把或吊耳上。

設計・製作／下清水美步
11×10㎝ 作法P.92

因為將拉鍊接縫成圓弧狀，
所以鑰匙很容易拿取。

僅使用珍藏的布邊部分，進行平針壓線翻縫製成的鍋具隔熱手套。以相同品牌的布邊製作，即使是布片運用也能呈現出同款的整體感。手掌側則使用半亞麻布製作提升堅實的耐用度。

設計・製作／福田則子
24.5×19cm　作法P.11

⑬

鍋具隔熱手套 ◢◢◢◢

材料
各式平針壓線翻縫用布（布邊）　裡布、單膠鋪棉各100×30cm　手掌用表布（半亞麻布）45×30cm　吊耳用布 10×10cm

作法順序
以平針壓線翻縫分別製作各個手背的部分→製作吊耳→參照圖示，進行縫製。

※原寸紙型A面⑨。

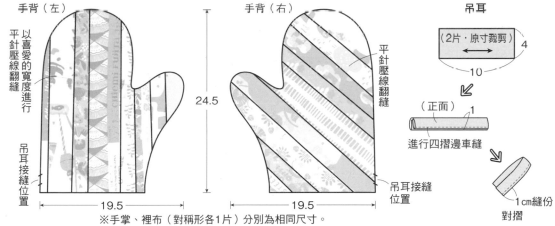

手背（左）

以喜愛的寬度進行平針壓線翻縫

平針壓線翻縫

吊耳接縫位置

24.5

19.5

手背（右）

平針壓線翻縫

吊耳接縫位置

19.5

吊耳
（2片・原寸裁剪）
4
10

（正面）
1
進行四摺邊車縫

1cm縫份
對摺

※手掌、裡布（對稱形各1片）分別為相同尺寸。

縫製方法※以右手進行說明。

平針壓線翻縫

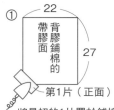

①
22
27
帶膠面鋪棉的
背膠面
第1片（正面）

將最初的1片置於鋪棉上方，並以熨斗燙貼。角度並無限制，置放範圍比鋪棉大一些地，逐一放上。

②
車縫
第2片（背面）

自第2片開始，對齊前一片布的布端，正面相對疊放，以縫紉機壓布腳的寬幅進行縫合。

③
第2片（正面）

翻至正面，以熨斗燙貼。重複此步驟。

①
22
27
背膠鋪棉的帶膠面
完成線
手掌側表布（正面）
補強用的鋪棉

使用消失筆描畫完成線，並於2片之間包夾補強用鋪棉後，再以熨斗燙貼。

②
鋪棉
2
車縫拼布
0.7
手掌側表布（正面）

進行車縫拼布之後，再次重新描摹紙型，外加0.7cm縫份後，進行裁剪。

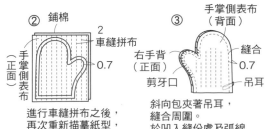

③
手掌側表布（背面）
縫合
右手背（正面）
0.7
剪牙口
吊耳

斜向包夾著吊耳，縫合周圍。於凹入縫合處及弧線縫份處剪牙口，翻至正面。

④
鋪棉側

將超出鋪棉範圍的布片進行裁剪，貼放上紙型後，描畫記號。

⑤
0.7

外加0.7cm縫份後，進行裁剪。

④
裡布（正面）
縫合
0.7
剪牙口
裡布（背面）

製作裡布

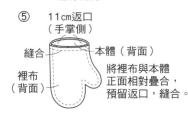

⑤
11cm返口（手掌側）
縫合
本體（背面）
裡布（背面）

將裡布與本體正面相對疊合，預留返口，縫合。

⑥

翻至正面，將返口進行藏針縫。

11

使用色調高的膚色系先染布，與印花布進行配色的六角形併接肩
背包。除了前片的拼接以外，全部皆以相同的格紋先染布製作，
使整體作出一致性。後片則接縫了拉鍊口袋。

設計／吉川欣美琴
製作／市川美穗
17×25cm　作法P.91

給人高尚雅緻印象的藍灰色系手提袋。於「八角形圖案」
的花樣上，配置白底蕾絲布及混金蔥的印花布，添加視覺
上的重點裝飾。

設計‧製作／橋本直子
21.5×32cm　作法P.92

將三角形拼接的「風車」圖案
大量接縫而成的手提袋。藉由
深淺濃淡的組合，作成了帶有
層次分明的配色。

設計・製作／岩佐和代
31×36cm

手提袋

材料
各式拼接用布片 B、提把用
布 50×40cm 鋪棉、胚布、
裡袋用布各 80×40cm 單
膠鋪棉 40×20cm 滾邊用
寬 4cm 斜布條 80cm 直徑
1.5cm 粗織棉線40cm

作法順序
拼接布片A，並與布片B接
縫後，製作表布→疊放上鋪
棉與胚布之後，進行壓線→
縫合裡袋→製作提把→依照
圖示進行縫製。

作法重點
・放入提把內的粗織棉線，
亦可使用將鋪棉弄成的圓狀
物代替。

16

縫製方法

① （正面）
本體（背面）
袋底中心摺雙
從袋底中心正面相對摺疊，
縫合脇邊。
（裡袋作法相同）

② 本體（背面） 脇邊
縫合側身
（裡袋作法相同）

原寸紙型
A

提把
（2片） 10
35

① （背面）
正面相對對摺後，
縫合，翻至正面。
黏貼上原寸裁剪
10×35cm的背膠鋪棉

② 0.3cm車縫
將中心處進行捲針縫
18
將長18cm的粗織棉線
放入中心內

③ 裡袋（正面） 寬4cm斜布條（背面）
本體（正面） 提把
1cm滾邊
將裡袋放入本體內，
再將提把疏縫，
進行滾邊。

脇邊 裡袋 脇邊
中心
30.4
26.4
35.2
4.8
袋底中心摺雙
36

提把接縫位置
6
中心
脇邊 A 脇邊
26.4
35.2
B 0.4 1.8
8.8
26.4 4.8
4.8
1.6 30
袋底中心摺雙

14

後片是以帶混染的印花布為主，並將零碼布區塊配置於中心處。

於側身的上部接縫磁釦，只要釦住，即可成為優雅時尚的樣式。

在強烈流行印象的英文字樣印花布及條紋、點點花樣的「高球杯」圖案上，搭配了帶混染的英文字樣印花布製成的時髦手提袋。非常適合當作學習袋使用的尺寸。

設計・製作／山口泰代
35.5×49cm　作法P.93

17

18

19

20

以元氣活潑的配色呈現，分別以四角形＆六角形併接「貝殼」圖案的可愛口金波奇包。運用色彩鮮豔印花布的布片縫製而成，每當從手提袋中取出時，肯定備受注目。

設計・製作／後藤洋子
12×16cm　作法P.93

15

凸顯表布圖案的配色

〈 線捲 〉

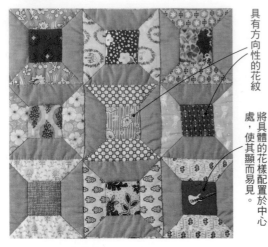

具有方向性的花紋

將具體的花樣配置於中心處，使其顯而易見。

以花樣的梯形布片作為布片運用，中心的正方形布片配置成紅色系印花布，將底色限定成藍灰色，使線捲的形狀更加明顯。

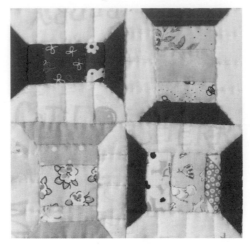

將長方形布片之中細分成幾段，分別組合上同色系的布，進行有如捲繞色線般的配色。

〈 鋸齒的排列 〉

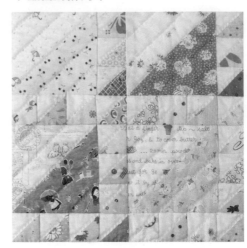

花樣為統一色調，以期使三角形布片顯得更加鮮明。只要將白底單色或色彩數量較少的印花布作為底色，即可保持與花樣之間良好的均衡感。

〈 海浪 〉

以大小不同的三角形所構成的圖案。只要在小三角形上，將深淺差異、格紋或條紋等具有方向性的花紋加以組合，就會呈現出有如波浪般的動態。底色雖為1種的印花布，但可運用花紋看法的差異增添動態。

〈 英國長春藤 〉

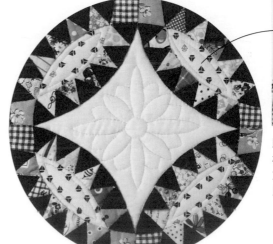

左圖是將花樣的布片全部以不同的布進行配色。右圖則是將3片大布片配上深色的同一塊布，作為統整效果。

〈 印第安人的婚戒 〉

即便是相同的配色，只要將檸檬形狀布片配上白底的英文字樣印花布，印象就會隨即翻轉。

〈 旋轉木馬 〉

讓正方形的布片更為醒目，描繪旋轉模樣的全印花圖案。大量添加了各種不同的格紋花樣及條紋花樣，藉以展現動態感。

襯托出明亮色彩的零碼布片顯發色良好的紅色素布，將檸檬形狀與鑽石花樣的布片配置成白底，營造視覺上的特色焦點。

同系色

以紅色作為重點色使用

以金蔥印花布作為強調

將八角形布片以藍灰色的同系色進行配色。並於色彩深淺及花紋密度上作出差異，讓視覺平衡更加完美一致。

同系色的配色在於作出色調明暗反差為重要關鍵。不妨區分成深色、中間色、淺色3階段，再均衡地混入大花樣、中型花樣、小碎花。

所有淺色的組合

若以淺色進行組合，易顯得單調，重點式的添加深色，可營造視覺層次感。

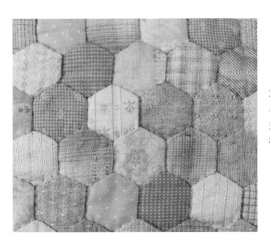

淺膚色系的同系色容易顯得模糊不清，請適當添加色感相搭的橘色或粉紅色系。

均衡配置花樣布

相鄰的布片，不論是作出深淺差異或是異色配置，只要取得平衡感就OK。再於各處添加上緩衝角色的白底印花布。

隨處添加了深茶色印花布，進而將繽紛的配色作一整合收斂。茶色印花布亦使用了帶有深淺差異的配色。

花紋密度低

花紋密度高

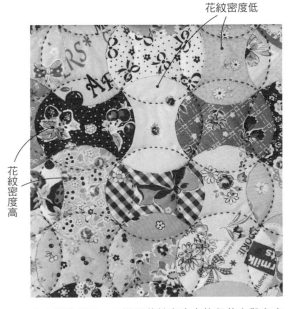

作出深淺差異，且搭配花紋密度高的印花布與密度低的印花布，取得整體的平衡感。

17

專為拼布設計的刺繡

鷲沢玲子老師針對用來漂亮裝飾拼布的各種刺繡進行講解說明。
最終回單元為紅線刺繡。

心形拼布 (Quilt of heart)
⋯⋯鷲沢玲子

指導、作品設計・製作／古川充子

4.

紅線刺繡

於白色底布上，使用紅色繡線，主要
進行輪廓繡的紅線刺繡。從19世紀
末開始至1925年這段時期，在美國
掀起一波流行熱潮。簡單又可愛的設
計，至今也一直持續吸引著拼布人，
建議用來搭配以紅線進行配色的表
布圖案。

21

以雛菊刺繡為主角的
扁平手提袋

仕以色彩濃厚飽滿的紅色為主，進行配色的六角形
摺花及帶狀布上，取2股線於白色底布上刺繡的雛菊
更顯醒目耀眼。於表布圖案及白色底布之間繡上人
字繡，使白底與紅色融為一體。27.5×24.5cm。
作法P.94

描繪聖誕節花樣的壁飾

於正方形的白色底布上,取1股線刺繡的聖誕節花樣
與「九宮格」圖案交替併接後,形成熱鬧的氛圍。
接縫於周圍的扇形飾邊布亦配置了紅白點點花樣,
視覺上以可愛感作一統整。 32×40cm

作法 P.94

細膩的花樣是取1股線進行刺繡。雪人的眼睛則為
法國結粒繡。

沿著刺繡的輪廓進行壓線,使花樣顯得
更為飽滿出色。

薑餅人的眼睛與鈕釦是以細密的針趾進行刺繡。

聖誕樹上的小掛飾為雙十字繡。

紅線刺繡的基礎技法

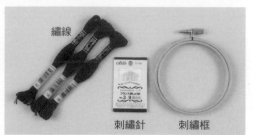

繡線

刺繡針　　刺繡框

使用25號紅色繡線、法國刺繡針、刺繡框。因為小型刺繡框使用上較為方便，所以此處使用直徑10cm刺繡框。

繡線協力廠商／DMC株式會社
工具協力廠商／可樂牌Clover株式會社

繡線的抽出方法

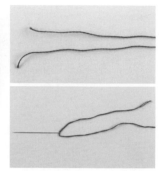

由於25號繡線為6股線，1股1股抽出後，取必要的股數。將線長約剪成60cm，並如上圖所示，將長度對摺成一半之後，再以刺繡針1股1股抽出。

將2股線合併後，穿入刺繡針中。

複寫圖案

❶

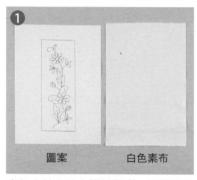

圖案　　白色素布

亦包含於布片上描繪圖案。請準備較大片的布片。

❷

將布片置於圖案上，並以珠針釘住進行固定。以水消型手藝用記號筆描摹透寫出來的圖案。同時複寫上布片的記號。

輪廓繡的繡法

❶

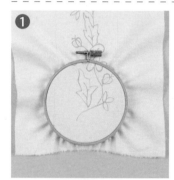

將布繃在刺繡框上。

❷

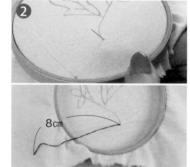

8cm

由背面入針，於圖案的邊端出針。起繡處的線端預留約8cm。

---

❸

事先以手指按住背面側的線

一邊以手指按住背面預留的線與正面露出的線，一邊挑針布片。

❹

3出　　2入
1出

5出　　4入

由左往右進行刺繡，返回半針挑針（上圖）。拉線，並以1出至2入的相同長度刺繡後挑針，再於2入的邊緣出針（下圖）。

❺

（背面）

只要隨時維持在記號上刺繡，並重複挑半針後，返回刺繡，就會形成漂亮的線狀。背面側則形成宛如回針繡般的針趾模樣。

重點

不剪線地，直接將一條線有如一筆畫似的進行刺繡吧！起繡與止繡的藏線收尾方法請參照P.21。

分枝部分的繡法

❶

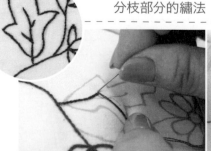

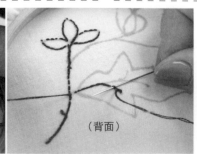

（背面）

如同葉脈一般分枝的圖案也一樣不剪線，直接繼續刺繡。待刺繡到葉脈的邊端為止，由背面出線，並穿縫於背面的針趾，再返回下一個刺繡的地方。

❷

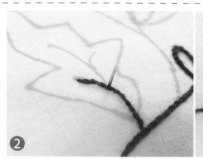

於下一個繼續刺繡的位置出針，再次進行刺繡。

刺繡框的痕跡及皺褶請以熨斗燙平消除。將已刺繡的布反面處理，置放於毛巾上方，以熨斗整燙。

邊角的繡法

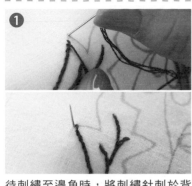
❶

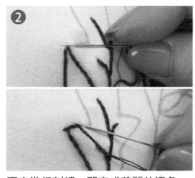
❷

待刺繡至邊角時，將刺繡針刺於背面，稍微留一點點空隙，再於相同的邊角處出針。

再次進行刺繡。即完成美麗的邊角。

急轉彎處

急轉彎處或小小圓形則以細密的針目進行刺繡，作成平順流暢的線條。

起繡與止繡的藏線收尾方法

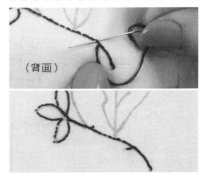
（背面）

止繡處預留線長約8cm後，鑽縫於背面的針趾處約1cm，剪線。起繡處的線端亦以相同方法進行藏線收尾。

變換紅色繡線的顏色或刺繡的粗細體驗箇中樂趣

於「玫瑰花結」表布圖案的中心處，取3股線繡上櫻桃的刺繡。葉子與果實的輪廓則進行較粗的輪廓繡。搭配素色麻布，挑選了深紅色的繡線。

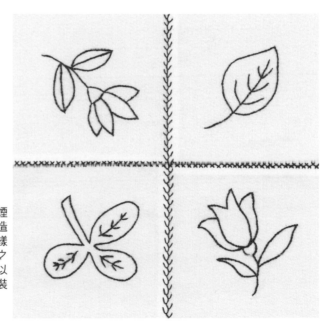

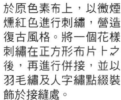

於原色素布上，以微煙燻紅色進行刺繡，營造復古風格。將一個花樣刺繡在正方形布片上之後，再進行併接，並以羽毛繡及人字繡點綴裝飾於接縫處。

紅色的繡線，不妨搭配布料的顏色，再來挑選深淺及色調吧！於素色麻布（左）搭配彩度低的深紅色，於象牙白素布（中央）搭配色彩濃厚飽滿的紅色，於原色素布（右）搭配明亮的紅色及微煙燻的紅色也都相當適合。

粗輪廓繡的繡法

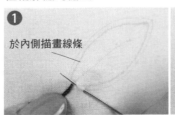
❶
於內側描畫線條

於記號處0.2cm的內側描畫線條，將2條線斜向挑針刺繡。

❷

透過以2條線為標準挑針的方式，刺繡的粗細即可保持固定。

來作聖誕拼布禮物

將自己誠心誠意手作的聖誕節禮物送給重要的人吧！
充滿心意的作品，肯定會相當討人喜歡。

攝影／山本和正　插圖／木村倫子

23

以拼貼印花布製作的
拼貼壁飾

將經典的明信片及標籤設計成的拼貼花樣，以原寸進行裁
剪，並以貼布縫方式製成拼貼壁飾。以基底的麻布強調典雅
印象。

設計　製作／円山くみ
66.5×41.5cm　作法P.95

22

暖色調壁飾

使用拼接了馴鹿、房屋、聖誕老人、星星的
表布圖案製成。以茶色為基調，帶有溫暖感
的配色格外出色。

設計・製作／菊地昌惠
41.5×41.5cm　作法P.96

㉔

將白色布製成蝴蝶結造型，
表現鬍鬚的效果。

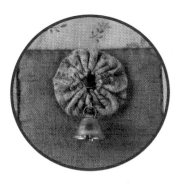

門上的聖誕花圈
是在YOYO球上縫上鈴鐺。
角落的裝飾則是在花樣蕾絲上添加刺繡，
呈現雪花結晶般的花樣。

23

蠟燭花樣的
彩繪玻璃拼布

冬青葉與蠟燭的配置，成為特別引人注目的設計。在葉子及布片上，使用聖誕節圖樣或色彩的印花布，呈現熱鬧喧騰的過節氣氛。

設計・製作／後藤洋子
49×47cm　作法P.98
主題花樣則配置成彩繪玻璃的設計。

25

聖誕紅花圈

聖誕紅是以冷色調的藍色系進行配色，花朵則配置上粉紅色，呈現高尚典雅的印象。花圈的台座是將填滿棉花的布條進行四股編後製成。

設計・製作／山口泰代
寬幅26cm

㉖

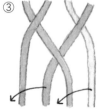 花圈

■ 材料

花圈台座用布4種各 5×55cm 各式
葉子用布片 花朵用布 20×10cm
鋪棉 50×30cm 手藝填充棉花適量
※葉子原寸紙型B面⑤

四股編技法

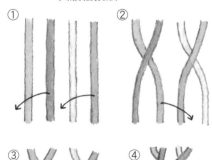

① ②

③ ④

重複步驟①與②

1. 製作花圈台座

① （4片・原寸裁剪） 5

52

② 縫合 0.7

（背面）

摺雙

③ 棉花 →（正面）

翻至正面，填塞棉花。

藏針縫

④

將步驟③進行四股編

⑤

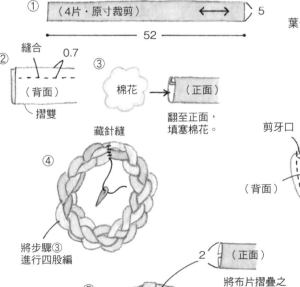

2 （正面）

將布片摺疊之後，纏繞在接縫處上，縫合固定。

2. 製作葉子與花朵

葉子
大　中　小

（6片）（11片）（8片）

鋪棉（於針趾邊緣裁剪）
剪牙口
正面相對縫合
返口
（背面）

翻至正面，將返口進行藏針縫後壓線。

藏針縫 （正面）

3. 將葉子與花朵縫合固定於花圈台座上

分別將每一朵均衡地組合之後，縫合固定。

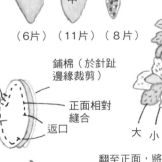

花朵
大　小　中　花圈台座

花朵 （7個）

將直徑4cm（原寸裁剪）的布片周圍進行縫合，填入棉花後，收線拉緊。

攝影／山本和正　插圖／三林よし子

大人風單色手作包

集結了時尚設計的單色調手作包。
為讀者們介紹充分利用強調色的效果，
以及特別講究外形的手提袋。

以葉子圖樣、花朵圖案、條紋花樣的單色調印
花布為主角，再以紅色及綠松石綠色妝點於強
調色上的手提袋，相當適合搭配日系裝扮。

設計・製作／松本真理子　24.5×38cm
作法P.99

將比口布更長的拉鍊端縫合
固定於本體的脇邊上，得以
使袋口的開關更加流暢。

布料提供／株式會社moda Japan

黑色×灰色點點花樣的「九宮格」圖案，搭配茶色系的咖啡花樣印花布，給人較為中性印象的手提袋。不論顏色、形狀，都適合中性風格使用，可享受箇中不同的樂趣。

設計／村上美智子　製作／菅原敏子　37×45cm
作法P.100

橫長型的圓筒狀流行手提袋。為凸顯「祖母花園」的花樣，其他部分統一使用了相同布料的黑色底布。

設計・製作／酒井真由美　15×43cm
作法P.97

內部接縫了束口型的口布，
可確實保護袋中的內容物。

30

以綴有刺繡的布料為主，再搭配上同色格紋棉布，與
點點花樣布製成的學習袋。是可以用來將尚未縫製完
成的拼布摺疊後放入收納的超大尺寸。

設計・製作／川村敬子　30×68cm　作法P.100

(31)

以將摺成帶狀的布條，進行編織縫製的網狀編織拼布手
法，製成的鋁製口金手提袋。
本體是以雛菊花樣與條紋花樣的2種布條編織而成。

設計／橫倉節子　製作／中村町子　19.5×34cm
作法P.102

鋁製口金打開時，袋口處被牢牢
地固定，使用性能卓越。釦絆則
使用磁釦固定。

讓拼布設計更多元的
紙型板拼接應用教學

簡單又漂亮!

輕而易舉就能將布片縫合固定於台紙上的紙型板拼接。
本單元為您介紹,原本無法於1片台紙上縫合的表布圖案,
至格狀長條飾邊都能縫合的手法。

設計‧製作／若山雅子

從區塊至格狀長條飾邊,僅用1片台紙就
能縫合的小型樣本拼布。將6片「小木
屋」&「雁行」等可依單一方向縫合的表
布圖案,利用格狀長條飾邊進行組合。分
成5段的區塊之後,再行縫合。

27.5×27.5cm　作法P.101

攝影／腰塚良彥〈流程〉山本和正〈作品〉

以「猴子扳手」重新配置的表布圖案，製成的托特包與扁平波奇包。圖案分成3段的區塊，再行縫合。將表布與胚布正面相對縫合之後，再進行壓線，縫製方法相當簡單。

托特包 40×20cm　波奇包 10×20cm

作法P.33

33

34

托特包是以4片圖案與1片袋底製成。
圖案的方向則是交替變換。

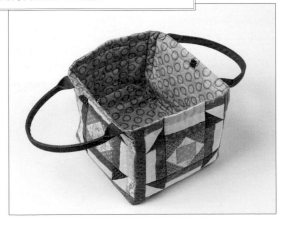

於1片台紙上組合區塊的重點

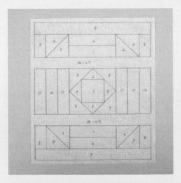

此一表布圖案向來都是使用分成3片區塊的台紙，
但現在則製成之間內含縫份的1片台紙。

紙型板拼接的方法　指導／若山雅子

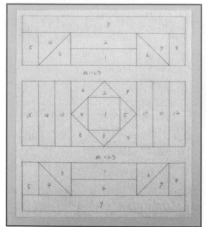

將複寫了圖案與縫合順序編號的拼布專用壓線紙作為台紙使用。

使用便利的工具

拼布專用壓線紙

可置放於布面上，一起進行車縫或手縫的拼布紙。縫合之後也不需撕除，即可直接進行壓線。

接著膠（Acorn拼布專用膠）

車縫拼布時，可代替珠針使用的拼布專用膠。若使用熨斗壓燙，等膠乾掉後，也不會殘留膠在車針上。

專用縫份筆

將車縫後的布片翻至正面時，由正面塗抹上平整膠。不會造成污漬，當使用熨斗整燙之後，會一直維持平整狀態。

使布端對齊
1（正面）
2（正面）

1 從上段開始。準備較大一些的布片用布，於布片1的背面縫份部分約塗上3處的接著膠，置放於台紙的1號上。並於縫份部分塗上接著膠，將布片2正面相對置放上，再以熨斗整燙縫份處。
※手縫的情況則以珠針固定於台紙上。

2 將步驟 1 翻至背面後，以90號線從台紙側開始將1與2之間進行車縫。約由記號的0.7cm外側縫合至外側，不進行回針縫。

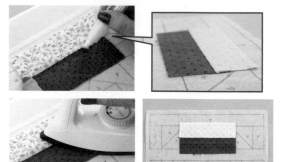

3 翻至正面，以拼布專用縫份筆塗抹接縫處附近。只要於接縫處摺疊，並以熨斗整燙後，即可摺成平整美觀的狀態（左）。預留0.7cm的縫份，裁剪多餘縫份（右下）。

3（背面）

4 將布片3※依照步驟 1 的相同方式正面相對置放於布片1・2的左端，並依照步驟 2 的相同方式製作縫合。

※布片3雖為三角形布片，然而一旦裁剪成三角形，就會造成太多浪費，或是翻至正面後，發生布料不足的情況，因此裁剪成正方形較為合理。

4（背面）

5 布片4也是裁剪成正方形的用布之後，正面相對置放於布片3的上方。

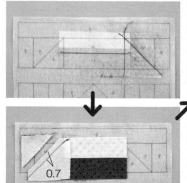

0.7

6 縫合3與4之間，預留0.7cm的縫份後，裁剪掉多餘縫份。翻至正面。

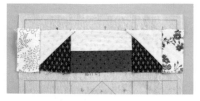

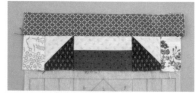

7 布片5亦以相同方式縫合。右側的布片6至8亦依照順序縫合，且縫合上部的布片9。

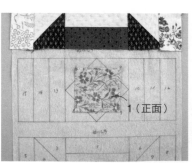

1（正面）

8 將布片1置放於中段的1號上，並將布片2正面相對置放上去後，縫合。

2（背面）

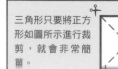

三角形只要將正方形如圖所示進行裁剪，就會非常簡單。

2
4
3
5

9 將布片2翻至正面。以相同方式將布片3至5依序縫合。

10 布片6至9亦以相同方式縫合。

11 布片10至12與13至15亦以相同方式依序縫合。下段依照上段的相同方式縫合。各區塊完成的模樣。

12 將段與段之間的縫份於中心處正面相對摺疊，以熨斗整燙，並進行車縫。

托特包與波奇包

●材料

托特包 各式拼接用布片 袋底用布25×25cm 鋪棉、胚布各65×65cm 長36cm 提把 1組 直徑 1.4cm 手縫型磁釦 1組

波奇包 各式拼接用布片 後片用布30×15cm 鋪棉、胚布各30×30cm 長25cm 拉鍊1條

●作法順序

托特包 參照P.32，將4片袋身的表布圖案進行拼接，並與袋底接縫後，製作表布→依照圖示進行縫製。

波奇包 參照P.32，將2片前片的表布圖案進行拼接後接縫，與後片接縫後，製作表布→依照圖示進行縫製。

※表布原寸圖案B面①。

完成！

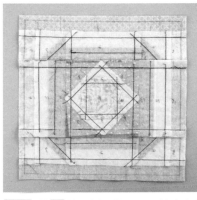

13 將 12 縫份倒向外側。已縫合台紙的記號，邊角及接縫處顯得俐落有型且整齊美觀。不需撕下台紙，可直接貼放上鋪棉。

托特包

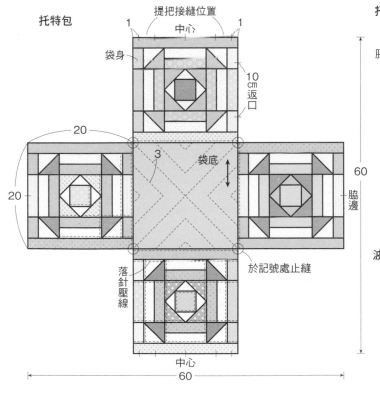

托特包的縫製方法

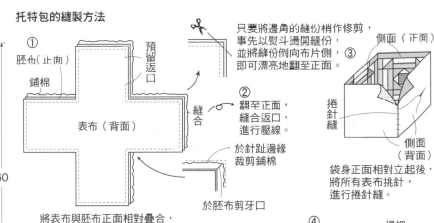

只要將邊角的縫份稍作修剪，事先以熨斗燙開縫份，並將縫份倒向布片側，即可漂亮地翻至正面。

① 胚布（正面）鋪棉 表布（背面）預留返口 縫合

② 翻至正面，縫合返口，進行壓線。

③ 側面（正面）捲針縫 側面（背面）

袋身正面相對立起後，將所有表布挑針，進行捲針縫。

於針趾邊緣裁剪鋪棉

於胚布剪牙口

將表布與胚布正面相對疊合，並貼放上鋪棉之後，縫合周圍。

波奇包

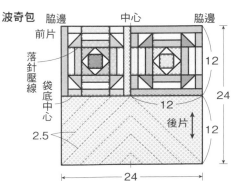

④ 於袋門處中心的下方接縫磁釦。

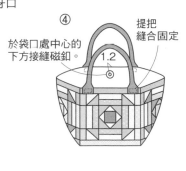

於袋口處中心的下方接縫磁釦。

提把縫合固定

波奇包的縫製方法

① 胚布（正面）鋪棉（於針趾邊緣裁剪）表布（背面）8cm返口 縫合

邊角的收邊處理方法請參照托特包

② 翻至正面，縫合返口，進行壓線。

③ （背面）

由袋底中心正面相對摺疊，並將脇邊所有表布挑針，進行捲針縫。

④ 於袋口處接縫拉鍊 拉鍊（背面）脇邊 摺疊 星止縫 （背面）千鳥縫

下止側縫合固定至脇邊0.5cm前側，並將多餘縫份反摺之後，進行千鳥縫。 脇邊

攝影／山本和正　插圖／三林よし子

利用拼布製作的溫暖單品

在此介紹於布片中包夾鋪棉後進行壓線，
並活用拼布本身保暖效果的單品。
亦有益於省電妙用。

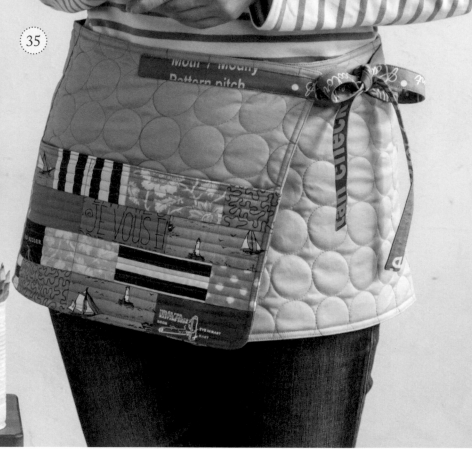

（35）

能使腰部保暖的短版一片裙

於本體上使用時髦的壓線布料，並且接縫了拼布縫製的口袋。由於長度較短，因此在作家事時也能使動作敏捷俐落。

設計・製作／柴 尚子　　長度28.5cm　　作法P.35

壓線布料（CIRQL）提供／日本紐釦貿易株式會社

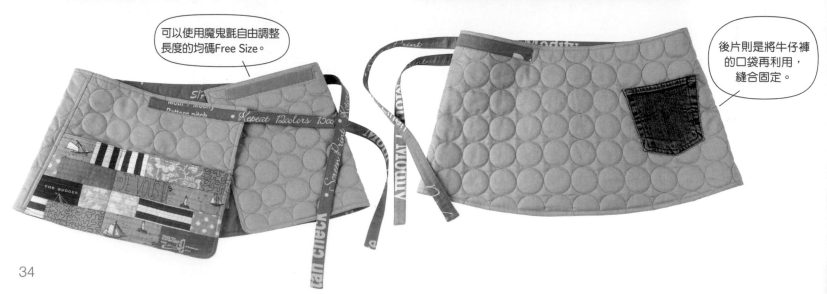

可以使用魔鬼氈自由調整長度的均碼Free Size。

後片則是將牛仔褲的口袋再利用，縫合固定。

no.35 一片裙

●材料
各式拼接用布片 表布用壓線布料 75×70cm
胚布 110×70cm（包含綁繩部分）薄型鋪
棉、胚布各 40×20cm 接著襯65×8cm 寬
1.5cm 止伸襯布條 110cm 寬2.5cm 長16cm
魔鬼氈 1組 牛仔褲的口袋1片

●作法順序
拼接布片A與B，製作口袋的表布→疊放上
鋪棉與胚布之後，進行壓線，依照圖示製作
→製作綁繩→將後片與前片縫合，依照圖示
進行縫製。

※原寸紙型A面⑭。

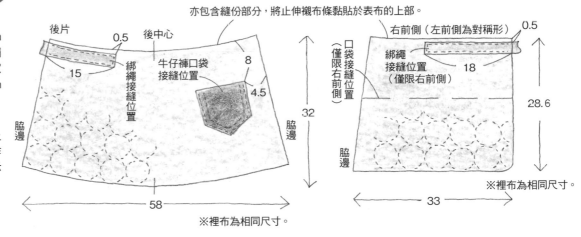

亦包含縫份部分，將止伸襯布條黏貼於表布的上部。

後片　　後中心
0.5
15
綁繩接縫位置
牛仔褲口袋接縫位置
8
4.5
脇邊　　　　　　脇邊
32
58
※裡布為相同尺寸。

右前側（左前側為對稱形）　0.5
口袋接縫位置（僅限右前側）
綁繩接縫位置（僅限右前側）
18
脇邊
28.6
33
※裡布為相同尺寸。

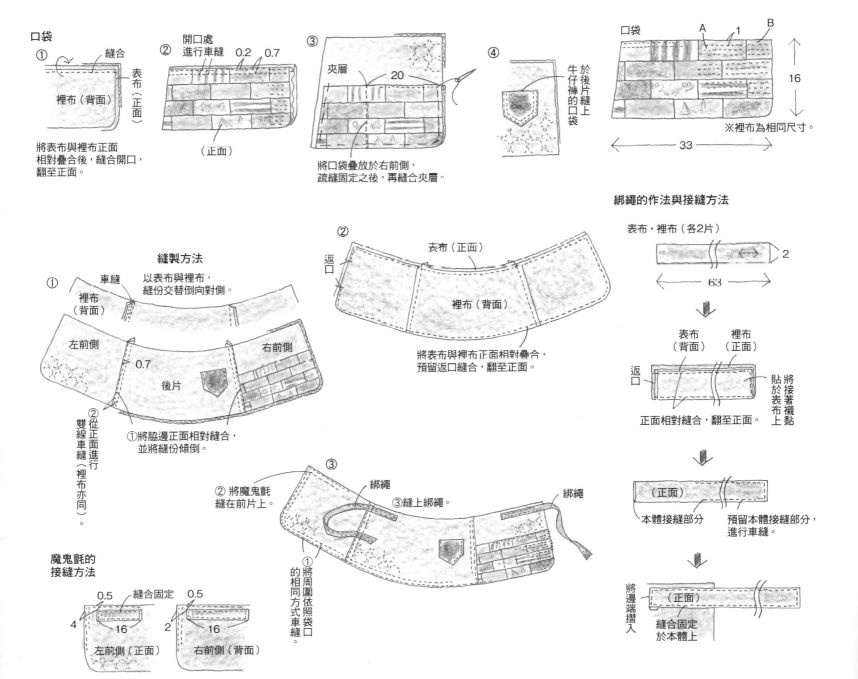

口袋
①
縫合
表布（正面）
裡布（背面）
將表布與裡布正面
相對疊合後，縫合開口，
翻至正面。

②
開口處進行車縫
0.2　0.7
（正面）

③
夾層
20
（正面）
將口袋疊放於右前側，
疏縫固定之後，再縫合夾層。

④
於後片縫上牛仔褲的口袋

口袋
A　1　B
16
33
※裡布為相同尺寸。

縫製方法
①
車縫
裡布（背面）
以表布與裡布，
縫份交替倒向對側。
左前側
0.7
後片
右前側
②從正面進行雙線車縫（裡布亦同）。
①將脇邊正面相對縫合，並將縫份傾倒。

②
返口
表布（正面）
裡布（背面）
將表布與裡布正面相對疊合，
預留返口縫合，翻至正面。

綁繩的作法與接縫方法
表布・裡布（各2片）
2
63

表布（背面）　裡布（正面）
返口
正面相對縫合，翻至正面。
將接著襯黏貼於表布上

（正面）
本體接縫部分　　預留本體接縫部分，進行車縫。

（正面）
將邊端摺入
縫合固定於本體上

③
將周圍依照袋口的相同方式車縫。
②將魔鬼氈縫在前片上。
綁繩
③縫上綁繩。
綁繩

魔鬼氈的接縫方法
0.5　縫合固定　0.5
4
16
左前側（正面）
2
16
右前側（背面）

電熱水瓶防塵罩

在開放式注水口的電熱水瓶上，罩上一個防塵罩吧！搭配喜愛色調的LIBERTY印花布與亞麻布，享受愉悅的午茶時光。請配合手邊現有的電熱水瓶的尺寸大小製作。

設計・製作／榊 真理子
高20.5cm 寬21.5cm 作法P.37

麵包保溫籃

放入熱騰騰的麵包進行保溫的布籃，可裝入4個圓麵包的大小。上蓋製作得較本體稍微大一些，可緊密地蓋住。將提把接縫於上蓋與本體上，使用起來更加方便。

設計・製作／高須あつみ
16×20×5.5cm 作法P.37

電熱水瓶防塵罩

●材料
各式拼接用布片 B用布90×20cm
（包含上蓋部分） 蝴蝶結緞帶用布
40×10cm 滾邊用寬3.5cm 斜布條
65cm 單膠鋪棉、胚布各90×25cm
布標1片（依個人喜好）

●作法順序
拼接布片A，黏貼於鋪棉上，並貼
放上胚布之後，進行壓線→依照圖
示製作罩身→上蓋亦以相同方式進
行壓線，接縫上蝴蝶結緞帶→與罩
身疊合後，依照圖示進行縫製。

●作法重點
○罩身的縱長尺寸取熱水瓶的高度，
橫長尺寸則取熱水瓶周圍（包含提
把）最長的部分，再另外多加保留
長度。

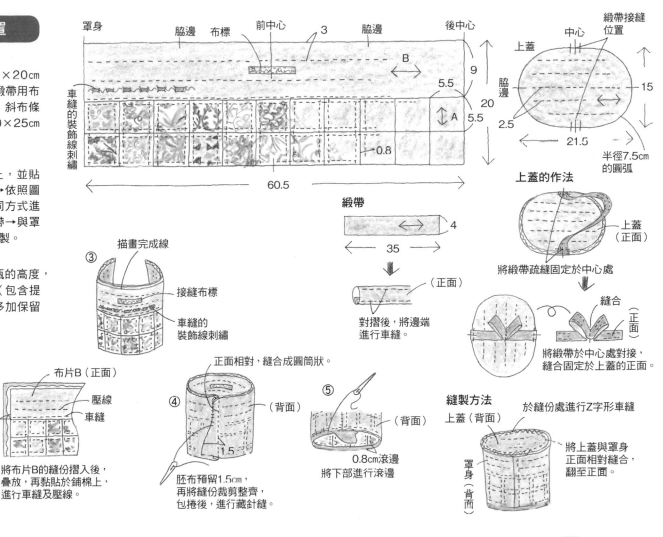

麵包保溫籃

●材料
各式拼接用布片 上蓋、籃底、籃底側面
用布65×30cm 滾邊用布 70×50cm
（包含提把部分） 鋪棉、胚布各
70×40cm 直徑 1.1cm鈕釦 2顆 寬1.8cm
棉質織帶45cm

●作法順序
拼接布片A至E，製作10片表布圖案，與
布片F接縫後，製作上蓋側面的表布→疊
放上鋪棉與胚布之後，進行壓線（兩端
的壓線預留2至3cm）→上蓋、籃底、籃
底側面亦以相同方式進行壓線→製作提
把→依照圖示進行縫製。

※布片A至E原寸紙型B面⑰。

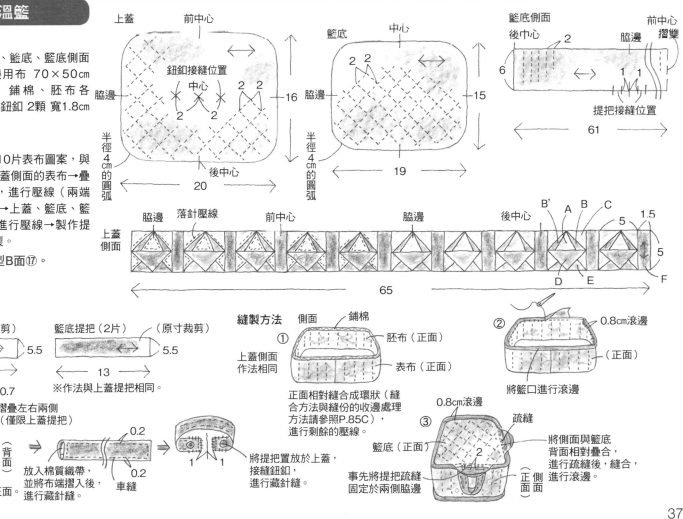

37

最適秋天的微涼穿著

選用透氣又舒適的亞麻，作出飄逸又有型的手作服。

温室裁縫師
手工縫製的温柔系棉麻質感日常服

温可柔◎著

平裝／136 頁／21×26cm 彩色＋單色／定價 520 元

使用 蓬鬆柔軟 的「MOCO」繡線 彩繪拼布

攝影／山本和正

使用以較粗股線刺繡使線跡更顯醒目的「MOCO」繡線裝飾拼布吧！
本單元將為各位讀者介紹製作具體化的刺繡及刺子繡風格的刺繡作品。

設計・製作／藤村雅子

38

結實耐用的繡線，可用來縫合提把。袋口處亦使用刺繡，確實地縫合固定。

若使用灰色與象牙白2色將灰色素布進行刺繡，就會呈現宛如先染布的花樣。

以漸層色刺繡深具分量感的花朵刺繡，以及使用刺子繡風格刺繡裝飾的扁平手提袋。搭配基底的配色，挑選出素淨雅緻色調的繡線。

33×27.5cm　作法P.103

引人注目的花朵刺繡口金波奇包。刺子繡風格刺繡，配置能完全融入拼布配色之中的顏色，進而襯托花朵的耀眼。

14×20.5cm　作法P.103

39

後片側是在四角形併接之間，點綴了十字繡。

運用拼布搭配家飾

更加輕鬆地使用拼布裝飾居家吧！
由大畑美佳老師提案，以能讓人感受到當季氛圍的
拼布為主的美麗家飾。

享受擺設樂趣的
聖誕節家飾

今年要不要試試在家裡各種不同的場所，布置上聖誕節的裝飾呢？
鑲嵌星星及聖誕樹圖案的大型聖誕襪，可妝點在牆面上或床邊。
疊放許多YOYO球的聖誕樹，可並排陳列，或是單獨裝飾，都相當可愛。
成為陳設主角的裝飾墊上，則排列了聖誕樹的圖案。

將圖案隨機進行配置的聖誕襪。
因為作成大尺寸,還能夠裝入聖誕禮物喲!

將更換大小的膚色及象牙白色的
YOYO球加以疊放,
並裝飾上閃閃發光的萊茵石與珠子。

將3種聖誕樹整齊地予以排列的裝飾墊。在聖誕
樹上,裝飾閃亮飾片與紅色果實的刺繡。亦可
當作桌旗或是櫥櫃裝飾墊使用。在以YOYO球
製成的聖誕樹頂部,則裝飾了聖誕球與蝴蝶結。

設計/大畑美佳　製作/裝飾墊與聖誕樹 大畑美佳 聖誕襪 加藤るり子
聖誕襪 41×32cm　裝飾墊 28×76cm　聖誕樹 高度30cm　作法P.42、P.43

裝飾墊

材料
各式拼接用布片 圖案的底色用原色布
110×30cm 飾邊用布 110×15cm
滾邊用寬4cm 斜布條 215cm 鋪棉、
胚布各80×30cm 寬1.2cm 星形亮
片 6片 25號 紅色繡線適量

作法順序
將3種表布圖案各2片進行拼接→接
縫表布圖案，並於周圍接縫上布片
R與S之後，製作表布→進行刺繡→
疊放上鋪棉與胚布之後，進行壓線
→將周圍進行滾邊（參照P.84）。

※表布圖案原寸紙型A面①。

表布圖案的縫合順序
接縫每條橫向的帶狀
布，並將縫合所有帶狀
布的縫份倒向上側。

※箭形符號為縫份
倒向的方向。

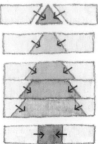

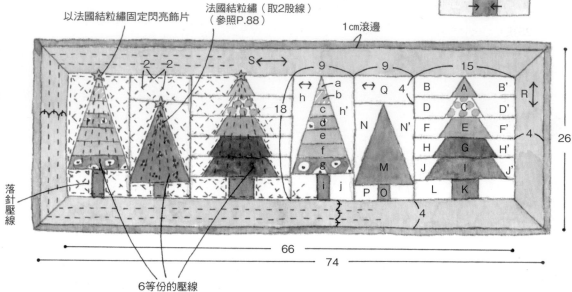

以法國結粒繡固定閃亮飾片

法國結粒繡（取2股線）
（參照P.88）

1cm滾邊

落針壓線

6等份的壓線

YOYO球的聖誕樹

材料（1件的用量）
各式YOYOY球用布片 寬2cm 緞
帶65cm 直徑 6cm 聖誕球1顆 筷子
1根 高約 7至9cm的花盆或保特瓶
1個 喜愛的珠子或萊茵石、紙黏土
各 適量

1. 製作1片紙型

直徑24cm
（原寸裁剪）

2. 一邊將每片紙型的周圍裁剪0.5cm，一邊將每種尺寸各裁剪1片。

直徑24cm
（1片）

直徑23cm
（1片）

直徑9cm

合計裁剪16片

（1片）

3. 製作YOYO球

① 0.5
（背面）

貼放上各自的紙型後，
裁前布片，並將周圍粗
針縫合（縫份不必摺
入）。

② （正面）

拉線收緊，
作較大的止縫結。

③

將步驟②翻至背面，並於中
心處剪十字形的牙口。

4. 製作底座

插上筷子

於容器中
填滿紙黏土

約20cm

5. 將YOYO球布片穿入

從大尺寸開始，依
序逐一穿過筷子。

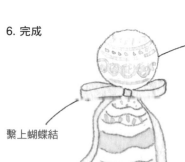

6. 完成

將聖誕球穿入
筷子頂端

※若有搖晃的情況發生，
可塗上手藝用黏著劑。

繫上蝴蝶結

聖誕襪

材料（1件的用量）
各式拼接用布片 YOYO球用布
25×25cm 白色底布70×45cm（包含後片、吊耳部分） 裡袋用布
70×45cm 鋪棉、胚布各80×50cm
寬0.5cm 緞帶 45cm
僅限作品no.40 寬1.2cm 星形亮片
1片 25號 白色繡線適量
※原寸紙型A面⑫。

1. 將前片進行拼接（後片為一片布），疊放上鋪棉與胚布之後，進行壓線。

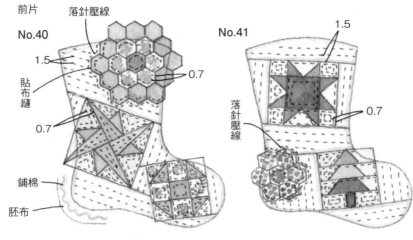

前片
No.40
落針壓線
1.5
貼布縫
0.7
0.7
鋪棉
胚布

No.41
1.5
落針壓線
0.7

後片
2.5

後片是使用與前片相同尺寸的一片布（左右對稱形）進行裁剪。

※裡袋是使用與前・後片相同尺寸的一片布進行裁剪。

表布圖案的縫合順序

束縛之星

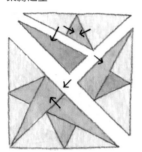

※箭形符號為縫份倒向的方向。

八芒星

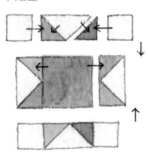

2. 製作吊耳

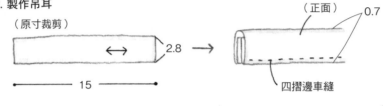

（原寸裁剪）
2.8
15

（正面）
0.7
四摺邊車縫

3. 分別將前片與後片、2片裡袋各自正面相對縫合。

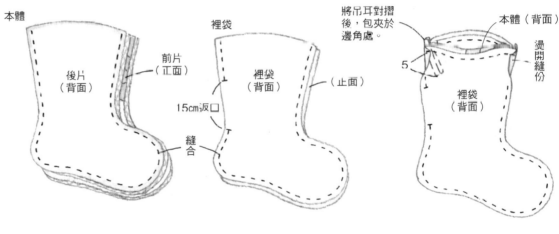

本體
後片（背面）
前片（正面）

裡袋
裡袋（背面）
（正面）
15cm返口
縫合

4. 將本體與裡袋正面相對疊合，縫合襪口處。

將吊耳對摺後，包夾於邊角處。
本體（背面）
燙開縫份
5
裡袋（背面）

YOYO球

No.40（6片）
No.41（9片）

直徑7cm（原寸裁剪）

0.5
（背面）

將周圍的縫份摺入後，以粗針縫合。

（正面）
拉線收緊
3

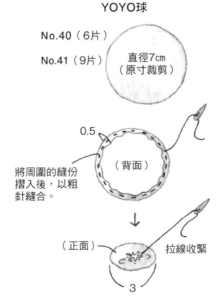

5. 翻至正面，將返口進行藏針縫，完成。

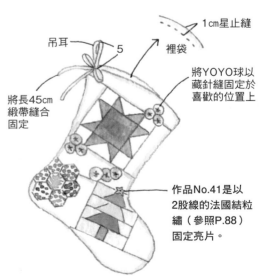

1cm星止縫
吊耳
5
裡袋

將長45cm緞帶縫合固定

將YOYO球以藏針縫固定於喜歡的位置上

作品No.41是以2股線的法國結粒繡（參照P.88）固定亮片。

43

想要製作、傳承的
傳統拼布

攝影／腰塚良彥 山本和正（作品）

在此介紹長年以來一直持續鑽研拼布的有岡由利子老師，所製作的傳統圖案美式風格拼布。

正因為我們身處於這個世代，更讓人想要返璞歸真，製作出懷舊且樸質的拼布。

44

「咻！蒼蠅（Shoo Fly）」的條狀拼布

以正方形與三角形構成的簡單「咻！蒼蠅（Shoo Fly）」圖案，與「九宮格」相同，皆為3個方格的復古圖案。若翻譯成日文，就是「惹人厭的蒼蠅」。以4片的三角形來表現不停拍動的翅膀。雖然是討厭的蒼蠅，卻是真實存在於我們生活周遭的圖案名稱。美國古老的搖籃曲「Shoo fly don't bother me（蒼蠅不要來煩我）」的歌詞中，也唱出了被討厭的蒼蠅所困擾的情景。

上圖的壁飾是以將縱向併接的圖案與帶狀布交替接縫的條狀拼布的設計製成。使方向呈現斜向律動的圖案則顯得相當俏皮可愛。

設計・製作／有岡由利子　86×78cm　作法P.47

拼布的設計解說

讓四個角落的三角形與中心的正方形，顯得更加醒目進行配色。將「九宮格」的四個角落配置成三角形的設計。可將正方形以對角線對摺的三角形，就算不使用紙型，也能進行裁剪，常見於古老的表布圖案上。

「咻！蒼蠅（Shoo Fly）」圖案適合斜向配置

將表布圖案的方向作成斜向配置，也常見於復古拼布中。

關於條狀拼布（STRIPPY QUILT）

在1700年代後期的英國，先將布料裁剪成長長的帶狀布，再進行縫合的拼布被大量製作。由於是平時常用的實用物品，因此素布被大量使用。當進入1800年代，逐漸轉變成用於美麗裝飾的印花圖案，以及進行精緻拼接的條狀拼布被廣泛製作。到了1800年代中期，經由英國來的移民傳入，也在美國逐漸地被廣泛製作。就連僅以素布製作的阿米希拼布（Amish Quilt）之中，也出現大量的條狀拼布。

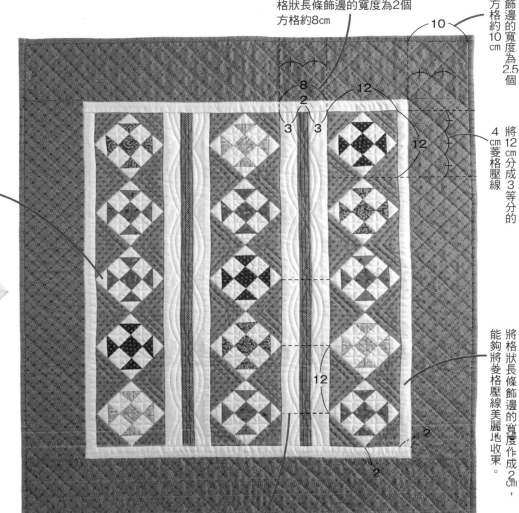

格狀長條飾邊的寬度為2個方格約8cm

飾邊的寬度為2.5個方格約10cm

將12cm分成3等分的4cm菱格壓線

表布圖案的壓線，成為連接布片邊角的線條。

將格狀長條飾邊的寬度作成2cm，能夠將菱格壓線美麗地收束。

圓弧的壓線與花樣是以表布圖案的邊角為基準，作成12cm的長度。

「雁行」的表布圖案設計，本身就是條狀拼布。

僅以縱向帶狀布併接而成的簡單拼布屬於實用性質的條狀拼布。

將中央部位進行條狀配置的阿米希拼布風的迷你拼布。在素布的映襯之下，呈現出美麗的壓線。

製作4片接縫了2片布片A的小區塊，並製作2片已與布片B接縫的帶狀區塊。接著，再於接縫了3片布片B的帶狀布上下側，併接A·B的帶狀布。在縫合所有帶狀布時，為了避免接縫處偏移錯位，請準確地對齊後，以珠針固定，並於接縫處進行一針回針縫。縫份在此則呈風車狀倒向。

● 縫份倒向的方式

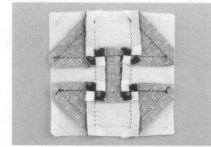

● 製圖

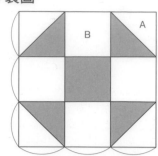

1　預留0.7cm的縫份後，裁剪布片，準備2片布片A（底色布與花樣布各1片）。

2　將2片正面相對疊合後，對齊記號處，並以珠針固定兩端與中心處，由記號處平針縫至記號處。止縫處與始縫處則進行一針回針縫。

3　縫份一致裁剪成0.6cm，單一倒向底色布側。製作2片，接縫於布片B的兩側。將2片正面相對疊合後，以珠針固定於記號處，並由記號處縫合至記號處，縫份則倒向花樣布側。

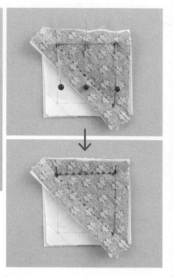

4　排列且接縫3片布片B（底色布2片花樣布1片）。縫份倒向花樣布側。

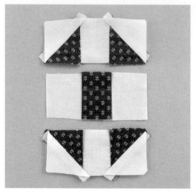

5　製作另外1片步驟3的帶狀區塊。如圖所示將3片排列後，接縫。

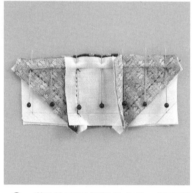

6　將2片正面相對疊合後，對齊記號處，並以珠針固定兩端、接縫處、其間。避開接縫處的縫份。

7　由記號處開始縫合，並於接縫處避開縫份，進行一針回針縫。拉線，於邊角的記號處入針。

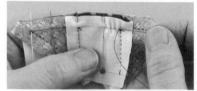

8　於接下來的布片的邊角處出針，再次縫合。接下來的接縫處亦以相同方式縫合，並且縫合至記號處。

● 各種的「咻！蒼蠅（Shoo Fly）」圖案

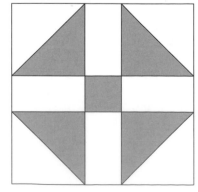
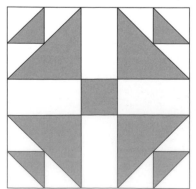

壁飾

●材料
各式拼接用布片 白色素布110×50cm 粉
紅色印花布110×100cm（包含滾邊部分）
鋪棉、胚布各90×85cm

●作法順序
A拼接布片A與B之後，製作15片「呸！蒼
蠅（Shoo Fly）」的表布圖案，並與布片
C至F接縫→於周圍接縫上布片G至J（縫份
倒向外側）之後，製作表布→疊放上鋪棉
與胚布之後，進行壓線→將周圍以寬4cm的
斜布條進行滾邊（參照P.84）。

區塊的接縫順序

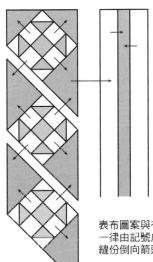

表布圖案與布片C、D
一律由記號處縫合至記號處。
縫份倒向箭頭指示的方向。

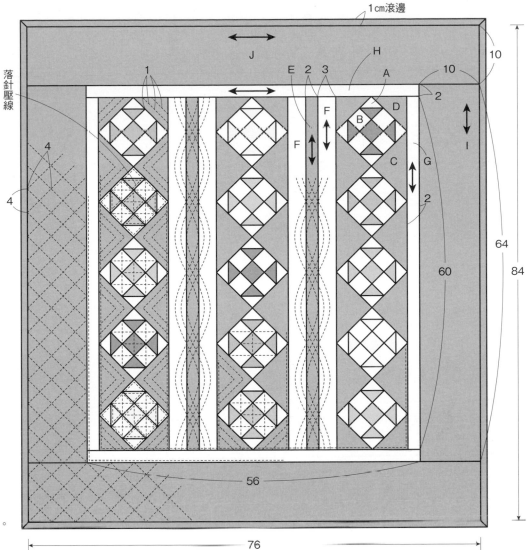

原寸紙型與壓線圖案

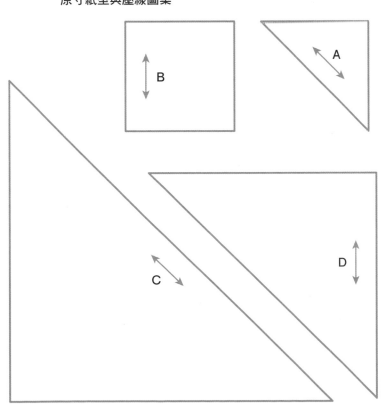

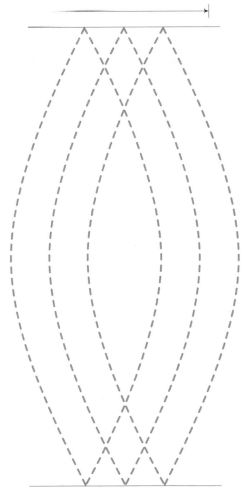

生活手作小物

撮影／山本和正

南瓜造型貓咪&小熊零錢包

裝扮成南瓜造型的貓咪與熊熊的零錢包。只要接上長長的繩子，
亦可變成手提袋吊飾使用。手部可以像布娃娃一樣任意轉動。

設計・製作／古澤惠美子　19.5×10.5cm

作法　P.108

南瓜部分的背面側接縫拉鍊。
除了當零錢包使用以外，還可以裝入糖果。

餐墊

將「葡萄酒杯」的表布圖案放在重點裝飾上的
餐墊，為宅在家的悠閒時光帶來更多樂趣。

設計・製作／岡 由紀子 32×42cm

作法 P.96

抱枕

重點在於強調「鳳梨」表布圖案與方形鎖圖案的抱
枕。左邊是以灰色與茶色營造出典雅配色，右邊則是
在茶色系的印花布上，充分運用強調色的紅色效果的
時尚配色。

設計・製作／廣野光世（左） 辻 信子（右）

各42×42cm

作法 P.104

49

附提把收納籃

將棉花填塞於已壓線的側面,並於飽滿鼓起的本體籃口處點綴三角形花樣。餐桌因此變得絢麗多彩。

設計・製作／榊 真理子
高度7.5cm 直徑15cm

作法 P.106

水壺造型小物收納盒

在LIBERTY印花布高雅的花樣上，搭配蕾絲製作的水壺造型小物收納盒。可放入人造花作裝飾，或是裝入午茶時間的小點心，都很美好。

設計・製作／きたむら惠子　高度11cm　寬20cm

作法　P.105

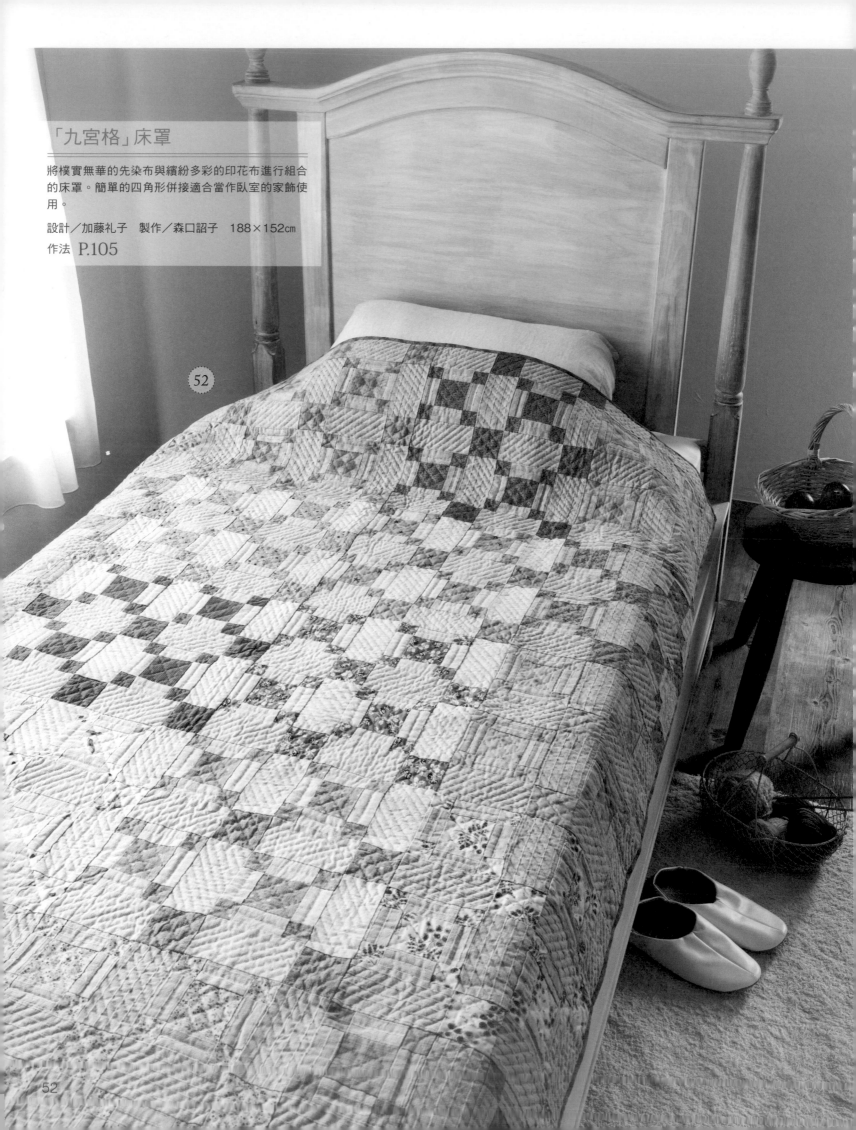

「九宮格」床罩

將樸實無華的先染布與繽紛多彩的印花布進行組合的床罩。簡單的四角形併接適合當作臥室的家飾使用。

設計／加藤礼子　製作／森口詔子　188×152cm
作法　P.105

◆便利且時髦的旅行用品◆

附口袋後背包

溫和雅緻的色調，搭配任何衣服都適宜。
不佔空間的小型尺寸，不僅攜帶方便，還
附有側身，因此具有相當的收納能力。

設計・製作／川村敬子　27×25cm

作法　P.110

外口袋利用2顆大型的磁釦，
可以確實地關閉袋口。

肩帶如圖所示固定於包上。
可以利用活動環調節長度。

53

旅行收納包

如同手提箱一樣的外形，顯得格外時尚的收納包，最適合用來作為行李箱或大型旅行袋內部的整理之用。

設計・製作／きたむら惠子　25.5×34cm

作法　P.107

使用雙開拉鍊得以使袋身全部打開。摺疊好的洋裝或鞋子、化妝包等都能完整收納其中。

54

迷你波士頓包

卡其色與芥末黃的秋季色彩，是相當引人注目的設計。以素布襯托「高球杯」圖案部分耀眼多彩的零碼布。

設計／藤村洋子　製作／佐藤玲子　22×38cm

作法　P.107

後片是以芥末黃色為主角的配色。

與斉藤謠子老師，一起享受小物樂趣
來作掌心上的拼布吧！

日本拼布名師 ——
斉藤謠子以「掌心裡可愛小巧的手作小物，
我的私藏拼布寶貝」為創作出發點，
於書中收錄了25件設計感滿滿、
又各具造型精彩絕倫的拼布作品。
手掌大的波奇包、實用的收納盒、
小包、動物造型偶、別針等等，
將拼接的小布片轉化成實用的生活布作，
握在手心的可愛，
布置於居家或隨身攜帶使用，
皆是專屬拼布人增添生活的實踐藝術。
本書收錄作品附有詳細圖解作法、
基本拼接技巧教學，內附紙型＆圖案，
適合各程度的手作人，
拿出布櫃裡收集的小小布片，
它們一定也能變身成新的手作珍寶喔！

斉藤謠子的掌心拼布
小巧可愛！造型布小物&實用小包

斉藤謠子◎著

平裝 96 頁／ 19cm×26cm ／彩色＋單色
定價 580 元

世紀典藏

Vol.28 全新發表

創作者 台中生活館 / 葉嘉倩老師

「拼布人 必收藏布料」

老師源自於與自然界相關的發想，
來表達其圖案配色的深淺運用。
有別以往的系列，部分圖案運用了較明亮的配色
及讓主題圖形更為凸顯的對比配色。
並隨著流行趨勢加上綠色、紅色以及橘紅色系的配色。
更加顯著齋藤老師對於世紀典藏布料的用心，讓拼布人更值得收藏

全系列共47色

復古葉片系列

雛菊系列

葉片條紋系列

創作者 高雄生活館 / 王玉蘭老師

漸層葉片系列

方點系列

點點露台系列

創作者 板橋遠東專櫃 / 李瑞琳老師

松果系列

格子系列

由喜佳優秀才藝團隊推出一系列研習活動

世紀典藏創作作品募集活動
募集時間：2022/11/1(二)~2023/3/31(五)

類型	拼布壁飾類	拼布袋物類
尺寸	最小:50x50cm 最大:單邊不超過60*60cm	最小:20x20cm 最大:單邊不超過40*40cm

聯絡資訊

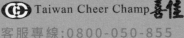

官網網站　　Facebook

Ⓖ Taiwan Cheer Champ 喜佳

客服專線:0800-050-855
相關活動訊息請洽:全台喜佳門市或專櫃

注意事項

1. 限使用第28集世紀典藏布料需佔60%以上。
   其他40%可使用歷年的世紀典藏布料或其他系列布料一同創作。
2. 需有基本表布、襯棉、底布三層壓線，不限手縫或機縫。

配色教學

一邊學習基礎的配色技巧，一邊熟悉拼布特有的配色方法。第21回在於介紹以秋天為概念，採用灰色或茶色為基調，充滿秋意的大人風配色。也一併溫習有關所謂的中間色或色調的色彩等基本用語吧！

指導／東埜純子

以減法製作的大人風配色

僅使用喜愛的布料逐一進行組合，很容易造成陷入難以統一又不協調的配色當中。此時，最好進行考慮減法方式的配色。透過減少顏色數量及控制色彩飽和度等減法的方式，轉變成典雅而大人風的配色。藉此也一併溫習有關色彩的基本用語吧！

關於色料三原色

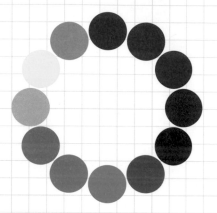

色彩以紅、藍、黃3原色為基礎，透過將其混合的方式，可得到紫色、綠色、橘色等顏色。將此一基礎的12色排列成環狀，稱作12色相環。

所謂的彩度

鮮豔色調（明色調）

暗色調（濁色調）

混合黑色

混合明亮的灰色

淺灰色調（中灰調）

所謂的彩度，簡單來說就是色彩的鮮豔度。彩度高（鮮豔）的程度，則成為鮮明清晰的顏色。左圖的12色相環是以彩度高的顏色逐一構成，再透過混合其他顏色的方式，形成暗色調等的濁色，或是所謂的淺灰色調的樸實雅緻色彩。

所謂的明度

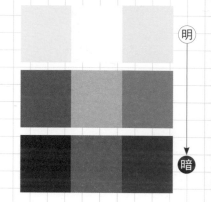

明

暗

明度表示色彩的明暗。越接近白色的色彩，明度越高，越接近黑色，明度則越低。

從概念中聯想進而配色

意識鄉村風

堪薩斯州的麻煩
常被使用在美國西部拓荒時代的復古拼布中的古老圖案。懷念美國，而大量使用英文字樣的印花布，留意鄉村風的典雅配色。

以英文字樣印花布為主

在1片布中添加了各種不同花樣的拼布風格的布片。截取自己喜愛的英文字樣使用。

呈現零碼拼布風

小三角形是將藍灰色系與茶色系交替進行配置而成。雖然配布僅有5種，但透過隨機配置的方式，看起來就像是零碼拼布的模樣。

以底色襯托主角布片的醒目

底色是為了襯托主印花布的顯眼，因此選擇接近素布的格紋布。

運用向外蔓延擴展的印象

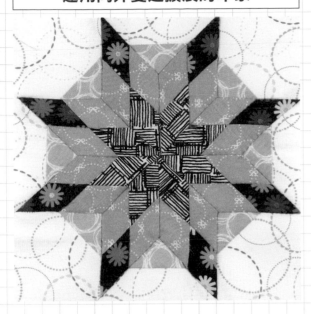

炙熱之星

嘗試由「燃燒之星」的名稱聯想，進行宛如向周圍發光般的配色。底色則使用大花樣等大膽的印花布運用，為了控制色調，形成大人風且高雅的印象。

為了減少顏色數量

相對於添加黃色・水藍色2色的底色，進而組合混有同色花樣的焦茶色布片。顏色數量不增加，透過選擇視覺上互補關係布片的方式，花樣才不會顯得混雜。

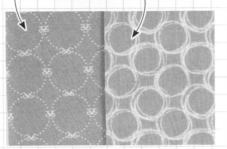

再者，星星部分的藍色與星星周圍的黃色，分別選擇單色的花樣，營造簡單的印象。

具有方向性的花樣

中心處的檸檬星配置具有方向性的格紋花樣布。看起來就像是光芒往四面八方發散的樣子。

以飲料為概念

高球杯

宛如玻璃杯大量排列般，倒三角形的小巧拼布圖案，適合零碼布運用。具體化的圖案，若特別以實際的飲料為概念，進行布片挑選，即可輕鬆地進行配色。

使印象豐富膨脹

只要腦海中浮現出各種飲料倒入玻璃杯中的印象，即可順利地進行配色。相當於底色的水玉點點及小碎花的白色底布，則是以嘶嘶冒泡泡的氣泡水為印象。

綠茶

冰咖啡

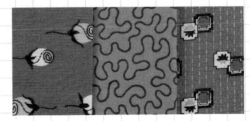

藍色夏威夷

氣泡水

以同系色進行整合

當過於增加顏色數量，而無法整合時，不妨縮小色相環的範圍，從中進行選色。由於此處已將範圍縮小到黃色至青色，因此可簡潔俐落地完成配色。

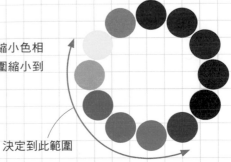

決定到此範圍

大花樣布巧妙的使用方法

以大花樣為底色

木星

使用以木星為概念的茶色與橘色,進行配色。大多使用於主色及強調色上的大花樣布,大膽地嘗試在適合底色的部分上進行配置。其餘則藉由配置上單色花樣的方式,使大花樣布顯得更加醒目。

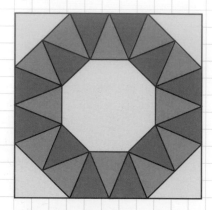

改變強調的圖案

如左圖所示,雖是強調八角形環的圖案,但此處卻在底色上運用大花樣,使另一種花樣呈現而出,享受編排的樂趣。

選擇大花樣中的色彩

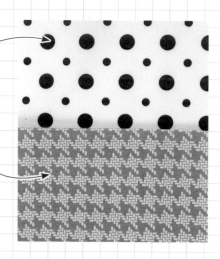

使用個性的大花樣時,宜從大花樣之中挑選除此以外的布片。是不增加顏色數量的減法法則。

就算縮減顏色數量也能呈現華麗感

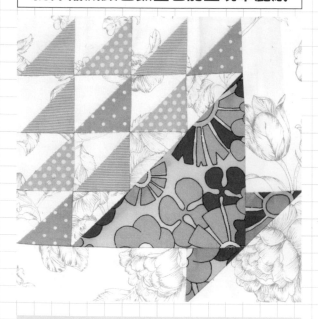

花籃

懷舊且令人懷念的花朵圖案印花布。難得一見的大花樣,使用在面積最大最廣的提籃部分。就算顏色數量不多,但多虧了充滿個性的印花布的輔助之下,因而呈現出華麗感。

利用花樣的疏密

即便全部都是相同的大花樣,將另一邊進行了小花菱紋的淺綠色單色配置,花樣就不會顯得混雜。

單色的小碎花

已選擇2種大花樣,小三角形的布片,僅使用單色的小碎花。透過無規則性的隨機配置方式,使外觀看起來彷若零碼布運用。

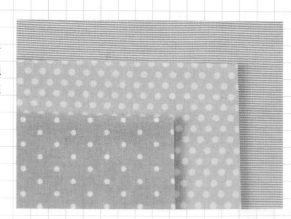

零碼拼布的訣竅

同系色＋強調色

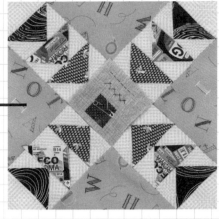

野雁追逐

茶色系的同系色樸實雅緻，是任何人都容易挑戰的配色。右圖是在強調色上試著添加藍色與紅色的模樣，為了呈現稍帶孩子氣的印象，如左圖所示僅僅配置上青色，統整成高尚典雅的風格。

花樣的截取方法

使用以世界機場的標籤進行設計的獨特新穎印花布，此處截取較多藍色的部分。依照截取部位的不同，使其呈現出來的印象也會隨之改變。

利用小花菱紋

分散於花樣與花樣之間的小花菱紋，是很容易作為重點裝飾運用的花樣布。此處則截取了線捲的花樣，配置在中心處。

在華麗之中也能呈現統整感

蜂巢

宛如大量蜜蜂群聚而忙碌地互通聲息般的配色。乍看之下，全部的布片雖然看似無任何的關連性，事實上卻使用了連鎖性質，維持彼此間所有方面的連結。

以連鎖性質挑選的零碼布運用

一邊連續不斷地排列布片，一邊逐一從中挑選在某處出現過1種顏色相同的布片。想減少顏色數量，又想作出熱鬧繁華感的零碼布運用時，是最為有效的方法。

底色也使用連鎖性質

底色的茶色與黃色布是實際存在於連鎖之中的顏色。透過選擇白底較多的布的方式，即可清楚地呈現與圖案之間的差異。

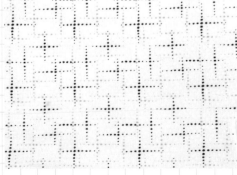

拼接教室

攝影／藤田律子（流程）　山本和正（作品）

沙漏

將沙漏的形狀以正方形及三角形表現的表布圖案。將沙漏的花樣斜向進行添加的設計，只要依照P.63的手提袋改變方向進行併接，即可呈現動態感。進行配色時，為使沙漏的花樣更顯醒目，只要作出明度差異，就能凸顯銳利的形狀。

指導／矢動丸篤子
(QUILT PARTY)

可變成手提袋吊飾的卡套

使用表布圖案的一部分，將沙漏的花樣順向配置，並以2色作出俐落的配色。黏貼上接著襯，保持張力，以便使卡片更容易放入。將具有伸縮性的彈力繩穿在手提袋的提把處固定。

設計‧製作／矢動丸篤子　11×7cm
作法P.101

放入卡片後，只要拉動彈力繩，即可使上部緊閉，卡片就不會掉出。

後片接縫了已黏貼厚型接著襯的口袋。可放入車票等小物，相當便利的設計。

56

57

內附使用性能出眾的
口袋托特包

併接4片表布圖案且帶有層次分明配色的口袋，是相當引人注目的托特包。以北歐的藍色聖誕節為概念，在聖誕樹圖案與海軍藍的點點花樣上搭配灰色，減少顏色數量後，進行簡單的配色。口袋接縫側身，使物品容易放入，本體則是於厚型布料上黏貼接著襯，以避免手提袋變形。

設計・製作／矢動丸篤子　27×39㎝
作法P.65

裡袋處接縫較大片的罩布，
避免手提袋中的內容物外露。
不使用時，可收入內側放置。

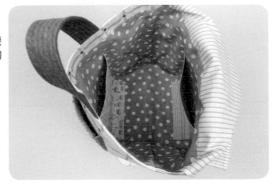

將裡袋的內口袋接縫於與袋
底相同的位置上，在放入物
品時，可完全放到袋底處，
穩穩收納物品。

後片改變與前片的配色，
以便作成可搭配氣氛或服
裝分別使用的款式。

區塊的縫法

在已接縫布片A與B的斜向區塊上，接縫2片布片C，進而加以組合。為避免布片的邊角偏移錯位，縫合過程非常重要，在將所有區塊對齊時，請準確地對準接縫處，以珠針固定，並於接縫處進行回針縫。當縫合縫份較厚的部分時，最好以每針垂直出入針的上下挑針縫方法（一上一下交錯方式）進行縫合。

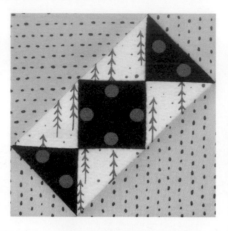

* 縫份倒向

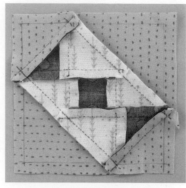

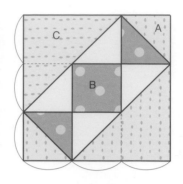

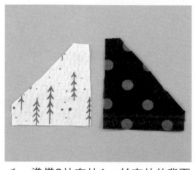

1 準備2片布片A。於布片的背面置放上紙型後，預留0.7cm縫份，裁剪。

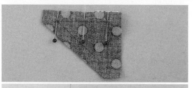

2 將2片正面相對疊合，對齊記號處，並以珠針固定兩端與中心。由布端開始進行一針回針縫之後，再行平針縫，待縫合至布端時，再進行一針回針縫。

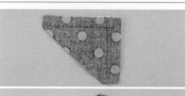

3 縫份一致裁剪成0.6cm，單一倒向深色布片側。製作2片此區塊。

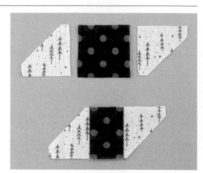

4 將2片布片A接縫於布片B的兩側。為避免搞錯布片A的方向，請先行排列一次之後，再進行縫合。縫份倒向布片B側。

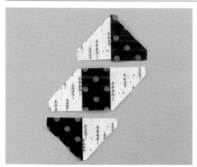

5 於步驟4的區塊上下側，接縫步驟3的區塊。

6 將區塊正面相對疊合，對齊記號處，並依照兩端、接縫處、其間的順序，以珠針固定。在固定所有接縫處時，也請一邊檢視正面側，一邊仔細地加以固定。

7 由布端開始縫合，接縫處則進行一針回針縫。縫份較厚的部分，請以上下挑針縫方法進行縫合。

密技

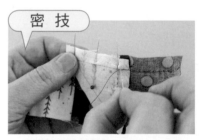

在使用上下挑針縫方法縫合時，進行回針縫，縫份的厚度就能減少，進而完成乾淨俐落的縫製。

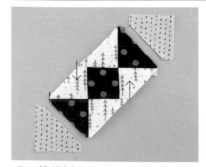

8 縫份倒向箭頭指示的方向。布片的邊角隨即漂亮地呈現。準備2片布片A，接縫於長方形區塊的兩端。

9 將布片A正面相對疊合於長方形區塊上，並以珠針固定（由於布片A的布邊為斜紋布，因此請注意避免拉伸），由布端縫合至布端。縫份倒向區塊側。

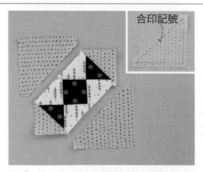

合印記號

10 將2片布片C接縫於步驟9的區塊上。於布片C的長邊中心處，作上合印記號。

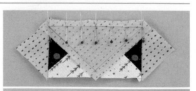

11 將布片C與區塊正面相對疊合，對齊記號處，並以珠針固定兩端、中心、其間後，縫合。縫份較厚的部分，則以上下挑針縫方法縫合，縫份倒向布片C側。

托特包裁布圖（單位為cm）
※除了註記為原寸裁剪之外，其餘皆需外加縫份。

●材料

各式拼接用布片 袋身用布2種各45×45cm
（包含貼邊部分） 口袋側身用布 65×35cm
（包含胚布、磁釦用包布部分） 後片口袋用
布25×25cm 裡袋用布 65×45cm 內口袋用
布2種各40×20cm 罩布40×40cm 提把用
布55×25cm 雙膠鋪棉 50×25cm 鋪棉
35×15cm 織布背膠襯
※90×50cm 雙膠棉襯 60×20cm 直徑2cm
薄型磁釦 2組
※織布背膠襯的厚度，可配合使用布片的厚
度或依個人喜好挑選。

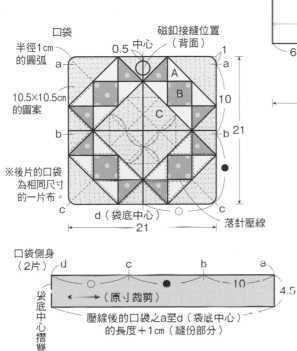

口袋

半徑1cm
的圓弧

磁釦接縫位置
（背面）

中心
0.5

10.5×10.5cm
的圖案

A
B
C

10
21

※後片的口袋
為相同尺寸
的一片布

d（袋底中心）
21

落針壓線

口袋側身
（2片）

袋底中心摺雙

10
4.5

（原寸裁剪）

壓線後的口袋之a至d（袋底中心）
的長度＋1cm（縫份部分）

提把（表布・裡布各2片）

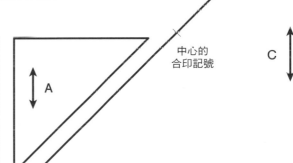

縫份0.7cm 表布 裡布
縫份1cm 27 4
25 1 縫份1cm

袋身（2片）

提把接縫位置

中心
5 5
3 0.5

脇邊

口袋接縫
位置

磁釦接縫位置

27

33

6 6
6 6

39

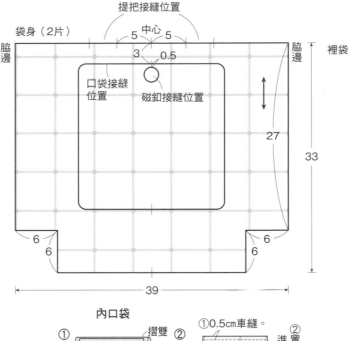

內口袋

① 摺雙 ②
（背面）

縫份
0.7cm 雙膠棉襯 縫合

0.7

0.7 6cm返口

於單側黏貼上雙膠棉襯，
正面相對對摺後，縫合。

① 0.5cm車縫。 ②

摺雙
（正面）

置放於裡袋上進行車縫。

翻至正面，以熨斗整燙，
將摺雙側進行車縫。
縫合固定於裡袋。

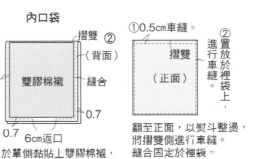
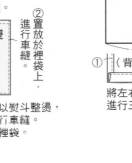

貼邊（2片） 中心

39 3

裡袋

罩布接縫位置

摺雙
15
內口袋
18

6 6
6 袋底中心摺雙 6

39

24 30

※袋身、貼邊、裡袋的縫份為1cm。

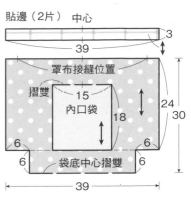

罩布 中心

縫份1cm

縫份
1.5
cm

縫份
1.5
cm

36

縫份2cm

33

①（背面） ②

將左右兩側與下部
進行三摺邊車縫。

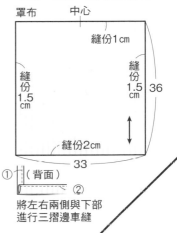

原寸紙型

B
A
C

中心的
合印記號

---

1 製作前片口袋的表布。

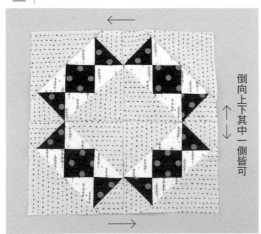

改變4片表布圖案的方向，每2片分別接縫於上下
側。為了避免布片的邊角偏移錯位，請以珠針準確
地固定後，縫合，縫份倒向箭頭指示的方向。

2 疊放上鋪棉與胚布，於周圍進行疏縫。

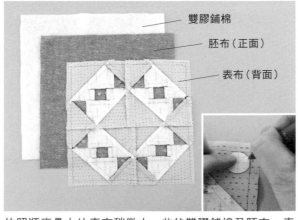

雙膠鋪棉

胚布（正面）

表布（背面）

依照順序疊上比表布稍微大一些的雙膠鋪棉及胚
布、表布。請於表布的背面，以醒目的顏色（使用熱
消筆等記號筆）描畫周圍的記號。圓弧則是貼放上直
徑2cm的紙型後，作記號。

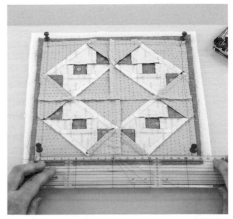

此處是為了縫製出更美麗的作品，所以在膠
合板上進行疏縫。置放上3片布後，將四個
角落分別以長圖釘固定，為使4邊的長度相
同，請以定規尺測量後，進行調整。

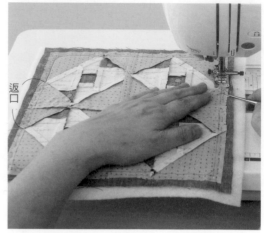

3 | 車縫周圍。

從膠合板上取下後，預留返口，車縫周圍。只要於縫合前，頂上錐子，進而往前推行似的縫合，即可流暢地進行車縫。

表布縫製後會縮小。待測量好4邊的長度，並取決定平均值之後，為呈現其數值，將各邊的布稍微拉扯、放鬆，予以調整後，再重新固定上圖釘。

4邊的中心處也以圖釘固定，並維持直接固定的狀態，於周圍的縫份處進行疏縫（約1cm的針趾）。將記號處算起約0.5cm的位置挑3層布，進行縫合。放上湯匙挑針為祕訣所在。

4 | 將縫份裁剪一致。

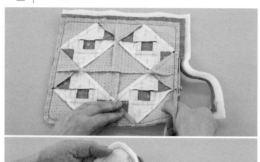

於返口處畫上記號

縫份一致裁剪成0.7cm，拆下疏縫線，並且於針趾的邊緣裁剪鋪棉（使用裁紙剪刀）。返口部分畫上記號後，於記號處進行裁剪。

返口

在翻至正面前，先整理圓弧與返口的縫份。圓弧處是取2條縫線縫合，貼放上紙型後，收緊縫線，作止縫結。返口處則是摺入縫份後，以疏縫線進行粗縫。

5 | 翻至正面，於周圍進行疏縫。

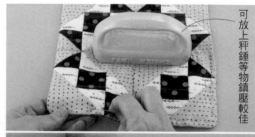

可放上秤錘等物鎮壓較佳

由返口處翻至正面，整理形狀，並於周圍的1cm內側進行疏縫（上圖）。將返口以梯形縫進行藏針縫合（下圖）。

6 | 以熨斗整燙，黏貼上鋪棉。

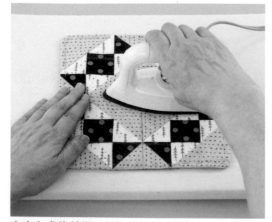

由中心處往外側，以中溫的熨斗整燙。一邊慢慢地移動，一邊均勻地輕輕整燙。若用力燙壓，恐會壓壞鋪棉，請多加留意力道。亦可從胚布側開始整燙。

7 | 描畫壓線線條。

使用遇熱或水等即可消除的記號筆，描畫壓線線條。於圖案的接縫處，呈十字形進行疏縫。

8 | 挑3層布進行壓線。

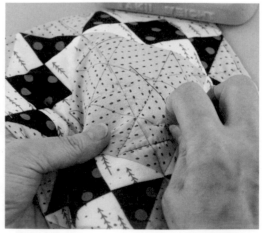

一邊利用戴在慣用手中指上的頂針指套推針頭，一邊每次挑個2、3針，針目就會整齊一致。
※以秤錘鎮壓布端，在繃緊布片的狀態下進行較佳。

9 | 縫上磁釦。

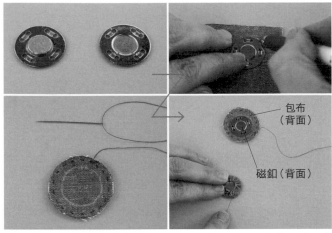

以布包覆薄型的磁釦。將磁釦置放於包布的背面，畫上記號，外加0.7cm的縫份後，裁剪。取2條線，縫合縫份，置放上磁釦後，拉緊縫線，作止縫結。

將用布包起來的磁釦，以藏針縫固定於口袋的背面。縫合時，請避免針趾露在正面影響美觀。

10 | 於口袋上畫上合印記號。

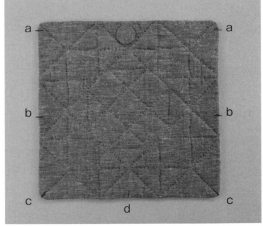

於口袋的背面，畫上用來與口袋側身縫合的合印記號（參照P.65的配置圖）。

11 | 製作口袋側身。

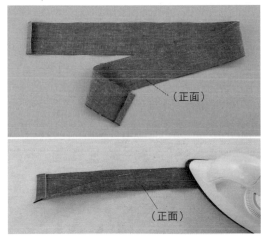

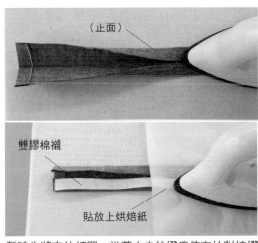

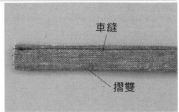

側身布的長度請於測量口袋的合印記號後再行決定（參照P.65）。將側身布兩端的縫份摺疊1cm（上圖）。將寬幅處背面相對對摺後，以熨斗整燙（下圖）。

暫時先將布片打開，沿著中央的摺痕使布片對接摺疊，再以熨斗整燙（上圖）。將裁剪成1cm寬的雙膠棉襯置於已摺疊部分的單側，再以熨斗燙貼（下圖）。

撕下雙膠棉襯的防黏紙，對摺後，以熨斗整燙，進行黏接（上圖）。於布端處進行車縫（下圖），兩端則以梯形縫藏針縫合。

12 | 縫合口袋與側身。

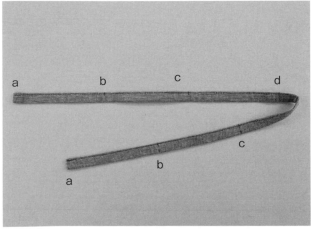

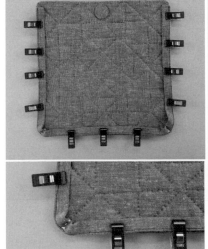

於側身的兩側，畫上用來與口袋對齊的合印記號。請在與口袋的合印記號相同尺寸的位置上作記號。

將口袋與側身背面相對，並將圓弧的C合印記號對齊後，以疏縫線如左下圖所示縫合固定。其他則對齊合印記號後，以強力夾固定，圓弧以外的地方則進行疏縫。

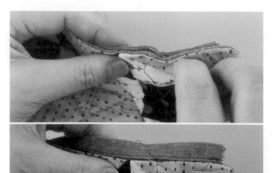

挑針所有的裡布，進行梯形縫（上圖）。挑針所有的表布，進行梯形縫（請意識到側身對於口袋呈90度方位）。

13 | 於袋身上接縫口袋。

袋身布是於背面上全面黏貼接著襯，外加1cm縫份後，裁剪。於正面側畫上口袋接縫位置與合印記號a至d。放上口袋，與側身的合印記號對齊，並以紙膠帶※固定（亦可用線縫合固定）。一邊於縫合前撕除紙膠帶，一邊車縫側身的布端。 ※使用塗裝用的超黏紙膠帶。

14 | 將前片與後片的袋身正面相對縫合。

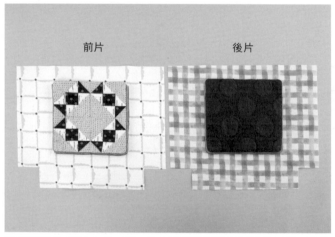

前片　　　　　後片

依照前片的相同方式，將一片布沿著花樣進行壓線的口袋，接縫於後片的袋身上。將磁釦縫合固定於袋身。

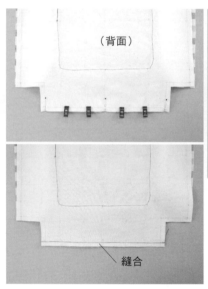

（背面）

縫合

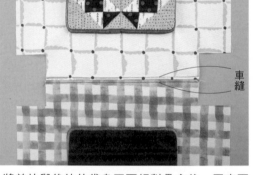

車縫

將前片與後片的袋身正面相對疊合後，固定下部。對齊兩端與中心的記號，以珠針固定※，其間則對齊布端，以強力夾固定。車縫後燙開縫份，並以熨斗整燙後，於接縫處算起0.5cm的位置上，進行車縫。
※黏貼了織布型的接著襯，使用珠針難以固定，因此僅於重要處才以珠針固定。

15 | 縫合側身。

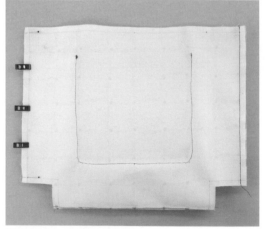

縫合側身。依照下部的相同方式，以珠針與強力夾固定，車縫。燙開縫份。

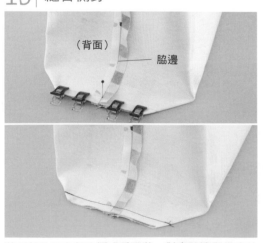

（背面）　　脇邊

將下部的側身部分摺成扁平狀，對齊脇邊與袋底的接縫處，以珠針垂直刺入，並以強力夾固定，車縫。

16 | 製作裡袋與罩布。

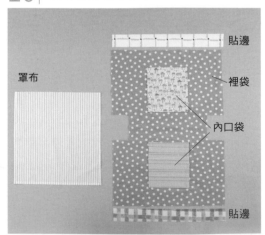

罩布　　　　　　　　貼邊

裡袋

內口袋

貼邊

參照P.65，製作罩布與內口袋，將內口袋以車縫固定於裡袋布。於貼邊布上全面黏貼接著襯。

17 | 縫合裡袋的脇邊與側身。

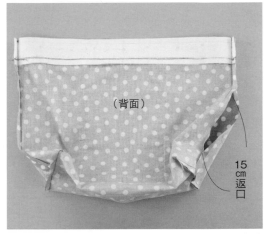

後片的貼邊（背面）

罩布（正面）

裡袋（正面）

（背面）

15cm返口

將罩布包夾於裡袋與後片的貼邊之間，置放於裡袋上，並將貼邊正面相對疊合，對齊兩端與中心等重要處的記號後，以珠針固定，並以強力夾固定其間。

車縫後，將貼邊翻至正面。於上方避開罩布，將縫份倒向裡袋側，以熨斗整燙後，將裡袋的布端進行車縫。前片的貼邊亦以相同方式縫合。

貼邊（正面）

罩布（背面）

車縫

由袋底中心正面相對摺疊，預留返口之後，縫合脇邊。以熨斗燙開縫份，縫合側身。

18 | 製作提把。

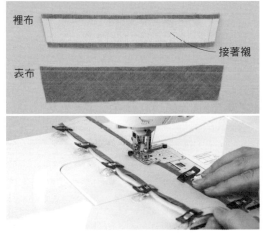

裡布

接著襯

表布

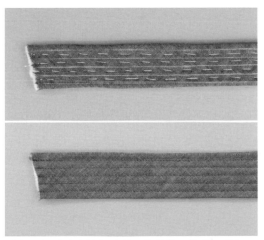

於裡布黏貼上接著襯（黏貼於長邊的縫份以外的地方）。將表布與裡布正面相對疊合，並將鋪棉疊放於表布的下方，以強力夾固定，縫合長邊。

將車縫的針趾處算起的外側鋪棉進行裁剪，翻至正面後，整理形狀。畫上6等分的壓線線條，並於記號之間進行疏縫（上圖），進行壓線。

19 | 將提把接縫於本體上。

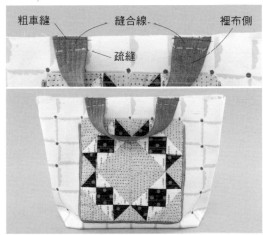

粗車縫　縫合線　裡布側

疏縫

於本體的接縫位置上，對齊布端，放上提把，為了避免偏移錯位，請確實地疏縫固定。將縫合線的0.5cm上側進行粗車縫（以大針目縫合）。將縫合線算起0.5cm下側以疏縫線縫合固定。

20 | 縫合本體與裡袋的袋口。

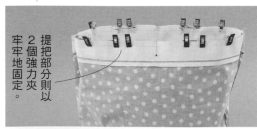

提把部分則以2個強力夾牢牢地固定。

對齊記號處，以珠針垂直刺入。

保持珠針垂直刺入的狀態，直接以手指按住。倘若挑針至本體背面側，恐會導致偏移錯位，僅需稍微挑針至本體的表布即可。

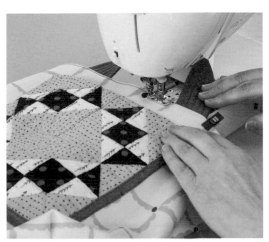

將裡袋正面相對覆蓋於本體上，並將脇邊與中心對齊記號處，以珠針固定（左下圖示），並以強力夾固定其間，車縫袋口。

由返口處翻至正面，以梯形縫縫合返口。整裡袋口處，以熨斗確實整燙，並以強力夾固定，於袋口處進行車縫，即完成。

職人訂製口金包 新書發表會

精彩花絮報導

執行編輯／黃璟安　執行設計／韓欣恬
攝影／Muse Cat Photography　吳宇童
活動場地協助／隆德布能布玩迪化店
特別感謝/隆德貿易有限公司、陽鐘拼布飾品材料DIY

感謝讀者們對於新書《職人訂製口金包》的支持，特別選在秋高氣爽的季節，雅書堂文化與隆德貿易協辦洪藝芳老師的新書簽書會，當日吸引了許多粉絲前來朝聖，也在現場與我們分享許多對於新書的喜愛好評與購書心得，就像是場久違好友們的熱鬧相約，讓小編帶您一同線上直擊這場溫馨的手作敘會吧！

1／洪老師以新書中的「晴空青鳥」口金包版型，選擇新一季的北歐布料製作了新款，讓作品又有了新的面貌。　2／活動場地「隆德布能布玩迪化店」門口張貼的活動宣傳海報。　3／簽書會的場地布置被美美的北歐品牌布櫃圍繞，也可在現場見到許多可愛的手作品。　4／好友伍麗華老師親手自製可愛的毛線編織筆，致贈洪老師作為簽名筆。

5／活動開始前，就已排了長長的人龍期待著老師的簽名。　6／排在第一位獲得簽名的粉絲，直呼開心。　7／簽書會特別贈送的北歐布片組＆來店限定口金框。　8／合影留念，為簽書活動留下美好的回憶。

9

10

9／新書中的「藍色棉花糖」口金包版型，運用圖案布製作，呈現另一款風情。　10／新書中的「紅色花序」口金包版型，改以紫色系製作，就成了大人風味的典雅作品。

手作職人
洪藝芳老師

運用質感北歐風格印花
製作實用又可愛的口金包創作集

運用自如的大小口金包，自己在家就能開心製作！

資深手作職人——洪藝芳老師第一本以北歐風格印花布料創作的口金包選集，以往對於口金包只有小巧可愛的刻板印象，書中收錄了尺寸較大的雙口金大包及袋中袋款口金包，讓口金包也能成為實用的隨身袋物，成為打造日常文青風格的手作穿搭元素。

本書附有口金包基本製作教學及作品作法解說，內附原寸圖案紙型，書中介紹的作法亦附有貼心提醒適合程度製作的標示，不論是初學者或是稍有程度的進階者，都可在本書找到適合自己製作的作品。洪老師也在書中加入了口金包的製作Q&A，分享她的口金包製作小撇步，多製作幾個也不覺膩的口金包，希望您在本書也能夠找到靈感，訂製專屬於您的職人口金包。

職人訂製口金包
北歐風格印花布×口金袋型應用選
洪藝芳◎著
全彩 96 頁／21cm×26cm／定價 480 元

內含紙型

73

小編帶路!

2022台灣拼布藝術節「祈豐年來風城瘋拼布」

精彩花絮

文字、活動採訪協助／徐中秀老師
執行編輯／黃璟安　執行設計／韓欣恬
★特別感謝攝影協助、活動照片提供／
徐中秀老師、周秀惠老師、林軒敏、林軒如、
黃彥鈞、吳梅實、阡景燈光音響工程行

　　2022台灣拼布藝術節選在新竹，每年的曬被都會選定一個主題，新竹有風城之稱，因此取與風同音字「豐」－－在疫情肆虐的這幾年，有祈求豐年的意涵。這一年多來為了舉辦活動的場地申請，我跑遍新竹的許多地方，最後在天氣因素、交通、空間配置的綜合考量之下，選擇新竹公園內的孔廟廣場作為曬被場地，順利的舉辦了這次的活動，相對於以往在草地曬被，這次嘗試在灰色的人行地磚上曬被，在古蹟前的曬被一點也不違和，算是一次不錯的體驗。

　　今年募集的「豐」小品只限定尺寸而無限定作法，相對於曬被作品的100cm要求，對於沒有足夠經驗或沒有中型壁飾製作意願的人，製作小品無疑是參加活動的另一個選擇，而小品也一直是被設定作為公益之用，這一屆很早就確立了捐贈對象為家扶中心，更使得有意願製作的人目標明確而更加積極製作。將近十個月的活動推動期，從前幾個月尚無人完成新的100cm曬被作品，要持續地推文宣傳，就只能靠比較容易完成的小品，於是我們帶著小品外拍，順便介紹新竹的旅遊景點，起初覺得好玩，我和教室的另一位老師根據居住的地緣位置和平日活動的習慣，剛好就分配了山海兩線，

沒想到引起廣大的迴響，鼓勵了參與者的意願並加速製作進度以跟上外拍的腳步，最後募集到遠高於預期的 138 片。

本屆的另一個主題是紅白拼布的募集，提案來自台灣拼布藝術節第一屆創辦人徐昕辰老師的號召，由於提出募集的時間是在前一屆活動結束後不久，也就是接近過年前的這一段時間，徐昕辰老師以過年發想藉由紅白剪紙的創作元素刺激想參加曬被但尚未找到主題的人，以50cm 見方為標準單位相對100cm 的中型作品則較為容易，將四片擺在一起就可以視為一片100cm的作品，曬被時的擺放亦不會造成尺寸衝突，由於討喜的紅色加上深受大眾喜愛的祈福剪紙圖案，當徐昕辰老師公開製作方法教學影片，大家的作品陸續在網路上曝光後，使得參加製作的人數節節攀升。曬被場上中心的專區規劃置放了紅白作品，與五顏六色的其他作品相互映襯顯得相當美麗。

雖然受到疫情影響，本屆報名參加人數仍超過300人，有些人因當天居隔而無法前來，報到率仍有八成以上，實際參加者加上特地前來觀看的人數概估有400 人，這次活動項目捐贈小品的數量比前兩年都多，摸彩品項高達220件創歷屆新高，走秀人數更大幅成長為歷年來首見，投入志工的人數高達52人，可知不論是拼布人或是相關廠商都有高度的參與力，台灣拼布藝術節五年來的努力廣泛地獲得相關人士及企業的認同，在此特別感謝活動協助的協辦單位、三色董拼布教室學員、捐贈志工、活動志工、贊助廠商、拼布老師等貴人們。雖然主辦過程辛苦，但也從中學習到許多寶貴的經驗，活動前承受的只是辦好活動的壓力，活動結束才開始感受到傳承的使命，我該作什麼？該怎麼作，方能繼續讓拼布藝術在台灣可以發光發熱？這些問號如同鐘聲般一直不斷地揪著我的心⋯

欣賞一片小品會細察其技巧，但看到整面小品牆，便感數大便是美！一個人的力量薄弱，合作才能有這樣的群力！走在遊行隊伍之中，除了興奮，沒有太多其他感受，當下看見空拍畫面感受的壯觀，著實感動，多美的畫面！不需任何解釋就能傳達美的力量，顯然是個高度問題，侷限在自身的範圍感受力是薄弱的，提高自己的視野，才能看到更棒的美景，不是嗎？

2023年的活動主辦將交棒給雲林的周秀惠老師，北港是台灣媽祖信仰的重鎮之一，作拼布和擁有信仰可以安定心靈，2023年我們要結合信仰與拼布為您準備一趟心靈之旅！募集主題是「平安「袋」著走」－－裝滿了祝福作捐贈，讓受贈者更能感受到拼布人的愛，請與我們一同帶著平安，繼續前行。活動相關訊息請至「台灣拼布藝術節」臉書社團搜尋，歡迎大家加入行列共襄盛舉。

光與影
Light and shadow

文字、作品提供／徐旻秀老師
攝影／Muse Cat Photography
執行編輯／吳宇童（主作品）
執行設計／黃璟安
韓欣恬

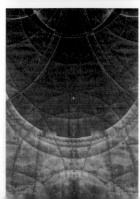

作品尺寸：103cm（寬）× 95cm（高）

「布就是我的顏料，
我將這些布加以變化重新賦予生命。 ──徐旻秀老師

初看由家合國際公司設計出品的奧伯爾花環主題布料時，這些布，每一片布都顏色鮮豔明亮，但它並不屬於我喜愛的菜啊（笑），我便認真思考著布料的運用方式。

首先，我將這個系列完整的六大片數位印刷布全數拆解，再重新組合，加上準確的切、拼、貼、車工，壓棉工序，透過針、線在弧型線條，於布料上來回穿梭、飛舞，呈現多層次光與影的重疊、互動，流動於浪漫、虛幻之間創造出無限的想像。

此作品是光影遊戲的疊影虛幻空間，分型花瓣飛舞至天穹般氣闊，顏色間交會著悠遠神秘，且用視覺走看一幅浪漫風情。

明明不是我平時常用的布料風格，為什麼可以完成這樣一件作品呢？

我秉持著作拼布的理念──布就是我的顏料，我將這些布加以變化重新賦予生命，成為自己喜歡的成品。

後記

本件作品與上期刊登的「照亮我生命」及另二件作品，共計4作於2022年11月3～5日在日本橫濱受邀展出。2019年與家合國際合作連續八次的JQ縫紉機系列完整拼布課程，這件作品亦將課程內的機縫技巧，全部運用發揮，其中包括拼接、貼布縫、仿手縫、接合縫、縫紉機的花盤運用。

玩玩布料

　　近日在日本忽然非常流行的布料，我在家中發現其實先前就已購入。此布起源於韓國，質輕且工細，今年因被日本市場發掘成為潮流，我也拿出來作成輕便可愛的隨身包包，極具質感的素面線條布料，加上可愛的印花，呈現另一番俏皮的童趣風格，布料的應用，其實就是這麼隨心所欲，成為自己喜歡的成品，就是好作品。

▸ 關於作者　**徐旻秀** 老師

拼布獨習，拼布資歷32年。現任Julia拼布執行長，2008年 National Quilting Association,美國NQA榮譽、模範拼布獎、評審獎。2009年 American Quilter's Society,美國AQS 第三名，2012年 International Quilt Week Yokohama,日本橫濱拼布展金龜糸企業賞。2019年太平洋橫濱拼布展獲選拼布時間賞，獲獎經歷無數，亦經常於各國受邀參展，目前致力於拼布創作及教學。

推薦娃娃屋＆小布偶・人偶配件專用

放入袖珍麵包、蔬果、花草、裁縫布物或盒玩小物一級棒！

▶ 使用環保＆便利的優秀素材
以環保再生紙製作的「紙藤帶」為主素材，依需要的寬度輕鬆分割成細條狀，
就能編織出與真實藤編籃質感極相似的微縮迷你小小籃子！

▶ 因為只有２～５cm的大小
→製作時間短、作法簡單，就算是初次玩藤編的新手，也能輕鬆愉快地完成作品。

▶ 簡單的編法也能有很多變化
→只要學會２種底部 × ５種基本編法就ＯＫ！
→從定位基底→編織底部、側面籃身、籃緣收編→加編提把，圖文對照詳細解說，看了就會作！

▶ 可玩、可裝飾
→單柄提籃、購物籃、方型收納籃、小花籃、迷你針插，甚至還有藤編旅行箱！
→是小布偶、人偶的時尚配件，更能為娃娃屋布置營造進一步的仿真感。

紙藤帶好好玩！
零基礎手編2～5cm迷你可愛小籃子
nikomaki＊◎著
平裝／64頁／21×26cm
彩色／定價300元

自行配置，進行製圖吧！

試著將書中出現的圖案進行製圖吧！為了易於製圖而圖案化，與原本構圖有些微差異的圖，
只要配合喜歡的大小製圖，即可應用於各式各樣的作品當中。另外，也將一併介紹基本的接
縫順序。請連同P.86之後作品的作法，作為作品製作的參考依據。

※箭頭為縫份倒向。

雪花（P.4）

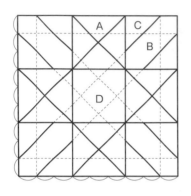 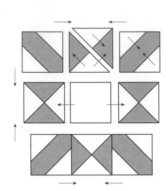

線軸（P.5）

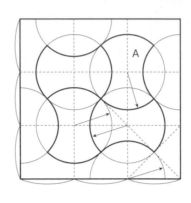 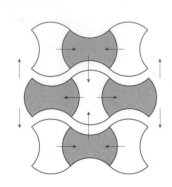

縫至記號，縫份倒成風車狀。

印第安人的婚戒（P.5）

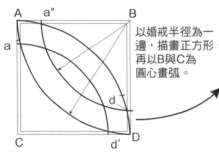

以婚戒半徑為一邊，描畫正方形，再以B與C為圓心畫弧。

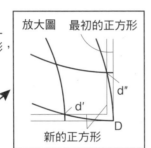

放大圖　　最初的正方形

新的正方形

鋸齒的變化圖案（P.6）

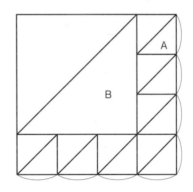 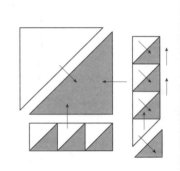

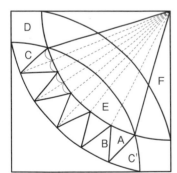 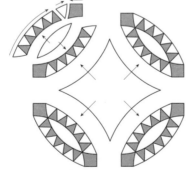

以新的正方形製圖

英國常春藤（P.7）

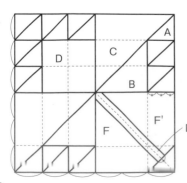 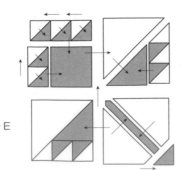

貝殼（P.15）

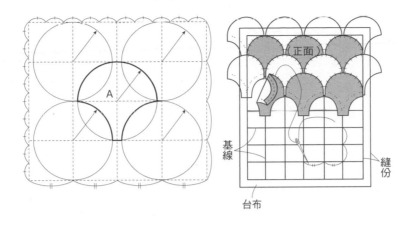

葡萄酒杯（P.49）

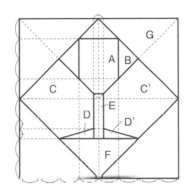
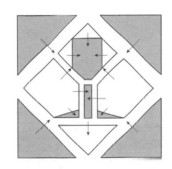

複習製圖的基礎

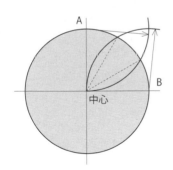

將1/4圓分割成3等分……分別由AB兩點為中心，
畫出通過圓心的圓弧，得出兩弧線相交的交點。

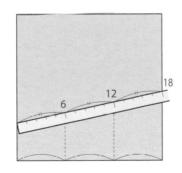

分割成3等分……選取方便分成3等分的寬度，斜放上
定規尺，並於被分成3等分的點上，畫出垂直線。

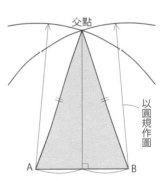

等邊三角形……決定底邊線段AB，並由端點A為圓心，
取任意長度的線段為半徑，畫弧。這次改以端點B為圓心，
並以相同長度的線段畫弧，得出交點。

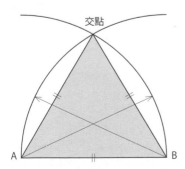

正三角形……先決定線段AB的邊長，
再分別以端點AB為圓心，以此線段為
半徑畫弧，得出交點。

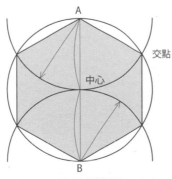

正六角形……畫圓，並畫上一條通過圓心的線段AB。
分別由AB兩點為中心，畫出通過圓心的圓弧，得出各交點。

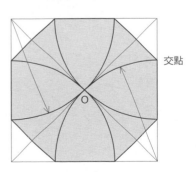

正八角形……取正方形對角線的交點為0。再分別由
四個邊角畫出穿過交點0的圓弧，得出各交點。

81

一定要學會の 拼布基本功

基本工具

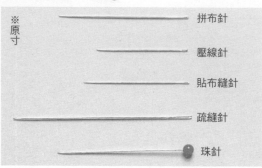

針

※原寸

- 拼布針
- 壓線針
- 貼布縫針
- 疏縫針
- 珠針

配合用途有各式各樣的針。拼布針為8至9號洋針，壓線針細且短，貼布縫針像絹針一樣細又長，疏縫針則比較粗且長。

線

壓縫用線

疏縫線

拼布線

拼布適用60號的縫線，壓線建議使用上過蠟、有彈性的線。但若想保有柔軟度，也可使用與拼布一樣的線。疏縫線如圖示，分成整捲或整捆兩種包裝。

記號筆

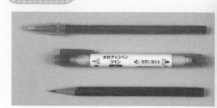

一般是使用2B鉛筆。深色布以亮色系的工藝用鉛筆或色鉛筆作記號，會比較容易看見。氣消筆或水消筆在描畫壓線線條時很好用。

頂針器

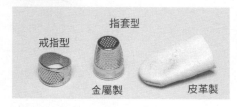

指套型

戒指型

金屬製　皮革製

平針縫與壓線時的必備工具。一旦熟練使用，縫出的針趾就會漂亮工整。戒指型主要用於平針縫，金屬或皮革製的指套則用於壓線。

壓線框

繡框的放大版。壓線時將布框入撐開。直徑30至40cm是好用的尺寸。

拼布用語

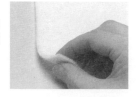

◆圖案（Pattern）◆

拼縫三角形或四角形的布片，展現幾何學圖形設計。依圖形而有不同名稱。

◆布片（Piece）◆

組合圖案用的三角形或四角形等的布片。以平針縫縫合布片稱為「拼縫」（Piecing）。

◆區塊（Block）◆

由數片布片縫合而成。有時也指完成的圖案。

◆表布（Top）◆

尚未壓線的表層布。

◆鋪棉◆

夾在表布與底布之間的平面棉襯。適用密度緊實的薄鋪棉。

◆底布◆

鋪棉的底布。夾在表布與底布之間。適用織目疏鬆、針容易穿過的材質。薄布會讓壓線的陰影無法漂亮呈現於表層，並不適合。

◆貼布縫◆

另外縫合上其他的布。主要是使用立針縫（參照P.83）。

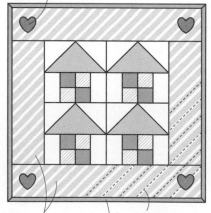

◆大邊條◆

接縫在由數個圖案縫合的表布邊緣的布。

◆包邊◆

以斜紋布條包覆完成壓線的拼布周圍或包包的袋口縫份。

◆壓線線條◆

在壓線位置所作的記號。

◆壓線◆

重疊表布、鋪棉與底布，壓縫3層。

主要步驟

製作布片的紙型。

↓

使用紙型在布上作記號後裁布，準備布片。

↓

拼縫布片，製作表布。

↓

在表布描畫壓線線條。

↓

重疊表布、鋪棉、底布進行疏縫。

↓

進行壓線。

↓

包覆四周縫份，進行包邊。

拼縫前準備工作

下水

新買的布在縫製前要水洗。即使是統一使用相同材質的布拼縫，由於縮水狀況不一，有時作品完成下水仍舊出現皺縮問題。此外，以水洗掉新布的漿，會更好穿縫，且能預防褪色。大片布就由洗衣機代勞，洗後在未完全乾燥時，一邊整理布紋，一邊以熨斗整燙。

關於布紋

原寸紙型上的箭頭所指方向代表布紋。布紋是指直橫交織而成的紋路。直橫正確交織，布就不會歪斜。而拼布不同於一般裁縫，布紋要對齊直布紋或橫布紋任一方都OK。斜紋是指斜向的布紋。與直布紋或橫布紋呈45度的稱為正斜向。

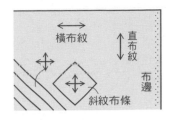

製作紙型

將製好圖的紙，或是自書本複印下來的圖案，以膠水黏貼在厚紙板上。膠水最好挑選不會讓紙起皺的紙用膠水。接著以剪刀沿著線條剪開，註明所需數量、布紋，並視需要加上合印記號。

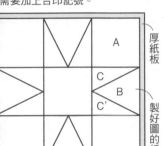

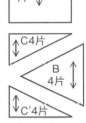

厚紙板
製好圖的紙

5片 A
C4片
B 4片
C'4片

合印
合印
在彎曲的布片加上合印記號

作上記號後裁剪布片

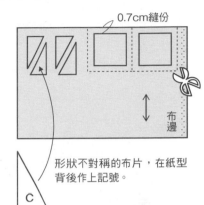

0.7cm縫份
布邊

紙型置於布的背面，以鉛筆作上記號。在貼上砂紙的裁布墊上作記號，布比較不會滑動。縫份約為0.7cm，不必作記號，目測即可。

形狀不對稱的布片，在紙型背後作上記號。

拼縫布片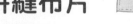

◆ 始縫結

縫前打的結。手握針，縫線繞針2、3圈，拇指按住線，將針向上拉出。

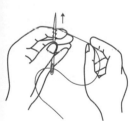

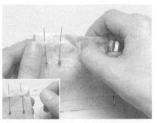

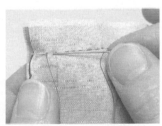

1 2片布正面相對，以珠針固定，自珠針前0.5cm處起針。

2 進行回針縫，手指確實壓好布片避免歪斜。

3 以手指稍微整理縫線，避免布片縮得太緊。

4 在止縫處回針，並打結。留下約0.6cm縫份後，裁剪多餘布片。

◆ 止縫結

縫畢，將針放在線最後穿出的位置，繞針2、3圈，拇指按住線，將針向上拉出。

◆ 分割縫法

①
②

直線方向由布端縫到布端時，分割成帶狀拼縫。

◆ 鑲嵌縫法

①縫至記號。
②

無法使用直線的分割縫法時，在記號處止縫，再嵌入布片縫合。

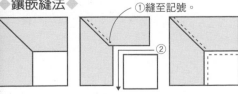

各式平針縫

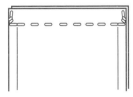

由布端到布端
兩端都是分割縫法時。

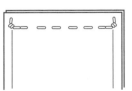

由記號縫至記號
兩端都是鑲嵌縫法時。

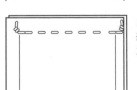

由布端縫至記號
縫至記號側變成鑲嵌縫法時。

縫份倒向

縫份不熨開而倒向單側。朝著要倒下的那一側，在針趾向內1針的位置摺疊縫份，以指尖往下按壓。

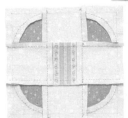
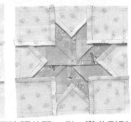

基本上，縫份是倒向想要強調的那一側，彎曲形則順其自然的倒下。其他還有全部朝同一方向倒向，或是倒向外側等，各式各樣的倒向方法。碰到像檸檬星（右）這種布片聚集在中心的狀況，就將菱形布片兩兩縫合成縫份倒向同一個方向的區塊，整合成上下的帶狀布片後，再彼此縫合。

描畫壓線線條，進行疏縫

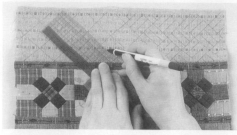

以熨斗整燙表布，使縫份固定。接著在表面描畫壓線記號。若是以鉛筆作記號，記得不要畫太黑。在畫格子或條紋線時，使用上面有平行線及方眼格線的尺會很方便。

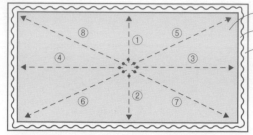

表布（正面）
鋪棉
底布（背面）

準備稍大於表布的底布與鋪棉，依底布、鋪棉、表布的順序重疊，以手撫平，再以珠針重點固定。由中心向外側進行疏縫。上圖是放射狀疏縫的例子。

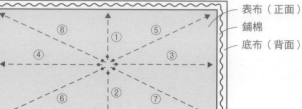

格狀疏縫的例子。適用拼布小物等。

表布

止縫作一針回針縫，不打止縫結，直接剪掉線。

壓線

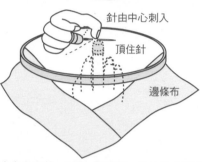

針由中心刺入
頂住針
邊條布

由中心向外，3層一起壓線。以右手（慣用手）的頂針指套壓住針頭，一邊推針一邊穿縫。左手（承接手）的頂針指套由下方頂住針。使用拼布框作業時，當周圍接縫邊條布，就要刺到布端。

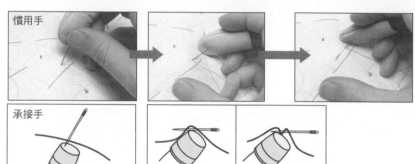

慣用手

承接手

針由上刺入，以指套頂住。→以指套將布往上提，在指套邊作出一個山形，再以慣用手的指套推針，貫穿山腰。→以指套往左錯開，製造下個一山形，再依同樣方式穿縫。

每穿縫2、3針，就以指套壓住針後穿出。

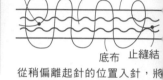

止縫結　鋪棉　表布
底布　止縫結

從稍偏離起針的位置入針，將始縫結拉至鋪棉內，縫一針回針縫，止縫也要縫一針回針縫，將止縫結拉至鋪棉內藏起來。

包邊

畫框式滾邊

所謂畫框式滾邊，就是以斜紋布條包覆拼布四周時，將邊角處理成及畫框邊角一樣的形狀。

斜紋布條作法

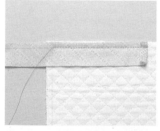

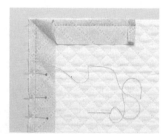

1 在正面描畫四周的完成線。斜紋布條正面相對疊放在拼布上，對齊斜紋布條的縫線記號與完成線，以珠針固定，縫到邊角的記號，在記號縫一針回針縫。

2 針線暫放一旁，斜紋布條摺成45度（當拼布的角是直角時）。重要的是，確實沿記號邊摺疊成與下一邊平行。

3 斜紋布條沿著下一邊摺疊，以珠針固定記號。邊角如圖示形成一個褶子。在記號上出針，再次從邊角的記號開始縫。

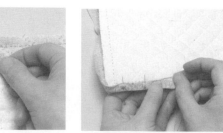

4 布條在始縫時先摺1cm。縫完一圈後，布條與摺疊的部分重疊約1cm後剪斷。

5 縫份修剪成與包邊的寬度，布條反摺，以立針縫縫合於底布。以布條的針趾為準，抓齊滾邊的寬度。

6 邊角整理成布條摺入重疊45度。重疊處縫一針回針縫變得更牢固。漂亮的邊角就完成了！

◆量少時◆

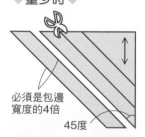

縫份錯開的部分

（背面）　（正面）

必須是包邊寬度的4倍

45度

（背面）

布摺疊成45度，畫出所需寬度。1cm寬的包邊需要4cm、0.8cm寬要3.5cm、0.7cm寬要3cm。包邊寬度愈細，加上布的厚度要預留寬一點。

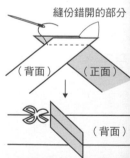

接縫布條時，兩片正面相對，以細針目的平針縫縫合。熨開縫份，剪掉露出外側的部分。

◆量多時◆

縫份錯開的部分

  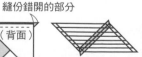

（背面）

（正面）

布裁成正方形，沿對角線剪開。

裁開的布正面相對重疊並以車縫縫合。

熨開縫份，沿布端畫上需要的寬度。另一邊的布端與畫線記號錯開一層，正面相對縫合。以剪刀沿著記號剪開，就變成一長條的斜紋布。

拼布包縫份處理

A 以底布包覆

側面正面相對縫合，僅一邊的底布留長一點，修齊縫份。接著以預留的底布包覆縫份，以立針縫縫合。

B 進行包邊（外包邊的作法相同）

適合彎弧部分的處理方式。兩片正面相對疊合（外包邊是背面相對），疏縫固定，斜紋布條正面相對，進行平針縫。

修齊縫份，以斜紋布條包覆進行立針縫，即使是較厚的縫份也能整齊收邊。斜紋布條若是與底布同一塊布，就不會太醒目。

C 接合整理

處理後縫份不會出現厚度，可使作品平坦而不會有突起的情形。以脇邊接縫側面時，自脇邊留下2、3cm的壓線，僅表布正面相對縫合，縫份倒向單側。鋪棉接合以粗針目的捲針縫縫合，底布以藏針縫縫合。最後完成壓線。

貼布縫作法

方法A（摺疊縫份以藏針縫縫合）

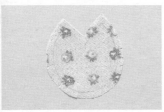 

在布的正面作記號，加上0.3至0.5cm的縫份後裁布。在凹處或彎弧處剪牙口，但不要剪太深以免綻線，大約剪到距記號0.1cm的位置。接著疊放在土台布上，沿著記號以針尖摺疊縫份，以立針縫縫合。

方法B（作好形狀再與土台布縫合）

在布的背面作記號，與A一樣裁布。平針縫彎弧處的縫份。始縫結打大一點以免鬆脫。接著將紙型放在背面，拉緊縫線，以熨斗整燙，也摺好直線部分的縫份。線不動，抽掉紙型，以藏針縫縫合於土台布上。

基本縫法

◆平針縫◆

◆回針縫◆
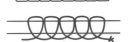

◆立針縫◆
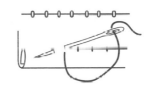

◆星止縫◆

◆捲針縫◆

◆梯形縫◆

兩端的布交替，針趾與布端呈平行的挑縫

安裝拉鍊

從背面安裝

對齊包邊端與拉鍊的鍊齒，以星止縫縫合，以免針趾露出正面。以拉鍊的布帶為基準就能筆直縫合。
※縫合脇邊再裝拉鍊時，將拉鍊下止部分置於脇邊向內1cm，就能順利安裝。

從正面安裝

同上，放上拉鍊，從表側在包邊的邊緣以星止縫縫合。縫線與表布同顏色就不會太醒目。因為穿縫到背面，會更牢固。背面的針趾還可以裡袋遮住。

拉鍊布端可以千鳥縫或立針縫縫合。

包邊繩作法

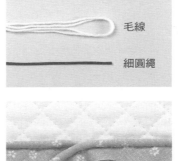

棉繩

毛線

細圓繩

以斜紋布條將芯包住。若想要鼓鼓的效果就以毛線當芯，或希望結實一點就以棉繩或細圓繩製作。棉繩與細圓繩是以用斜紋布條邊夾邊縫合，毛線則是斜紋布條縫合成所需寬度後再穿。

◆棉繩或細圓繩◆

◆毛線◆

縫合側面或底部時，先暫時固定於單側，再壓緊一邊將另一邊包邊繩縫合固定。始縫與止縫平緩向下重疊。

作品紙型＆作法

＊圖中的單位為cm。
＊圖中的❶❷為紙型號碼。
＊完成作品的尺寸多少會與圖稿的尺寸有所差距。
＊關於縫份，原則上布片為0.7cm、貼布縫為0.3至0.5cm，
　其餘則預留1cm後進行裁剪。
＊附註為原寸裁剪標示時，不留縫份，直接裁剪。
＊P.82至P.85請一併參考。
＊刺繡方法請參照P.88。

P4 No.2 床罩 ●紙型B面⓬（＆貼布縫圖案）

◆材料
各式拼接、貼布縫用布片 原色素布110×300cm
F、G用布（包含拼接部分）110×185cm 滾邊用
寬4cm 斜布條790cm 鋪棉、胚布各90×460cm 25
號繡線適量

◆作法順序
拼接A至D布片（接縫順序請參照P.80），完成35
片圖案→E布片進行貼布縫，完成ㄅ、ㄆ→接縫圖
案、E、ㄅ、ㄆ，周圍接縫F、G，完成表布→疊合
鋪棉、胚布，進行壓線→進行周圍滾邊（請參照
P.84）。

完成尺寸　220×169cm

圖案配置圖

摺雙

原寸刺繡圖案

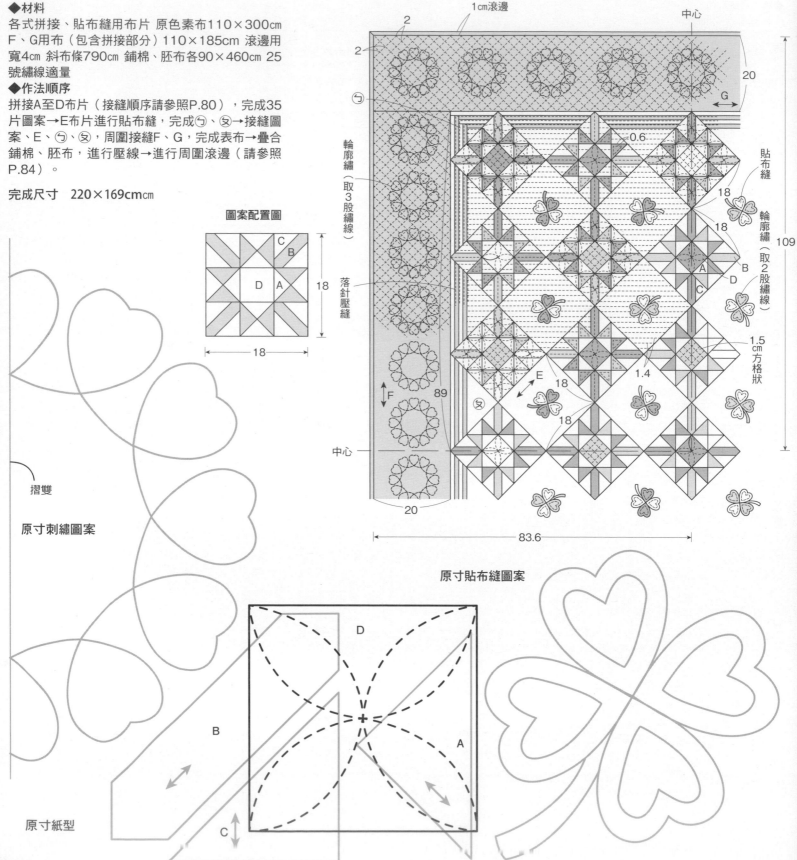

原寸貼布縫圖案

原寸紙型

No.8 床罩　●紙型A面❺（A、B布片原寸紙型＆壓線圖案）

◆材料
各式拼接用布片 C、D用布110×185cm（包含拼接部分） 鋪棉、胚布各100×460cm

◆作法順序
拼接A與B布片，完成288片圖案→接縫成16×18列，周圍接縫C、D布片，完成表布→疊合鋪棉與胚布，進行壓線→進行周圍滾邊（請參照P.84）。

◆作法重點
○拼接時先分別完成1/4，再彙整完成全體。

完成尺寸　222×182cm

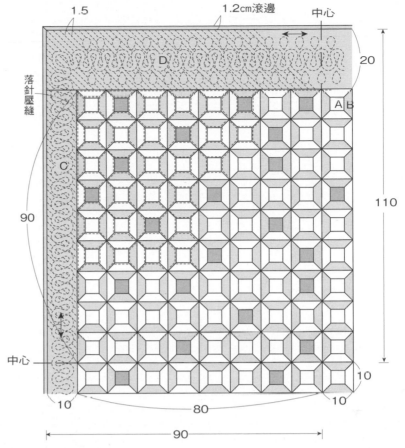

No.7 壁飾　●紙型A面⓭（A至I布片原寸紙型＆壓線圖案）

◆材料
各式拼接用布片 a至c、A、C、FF'用水玉圖案印花布110×230cm d至g、H、I用淺綠色素布110×185cm 滾邊用寬4cm斜布條720cm 鋪棉、胚布各90×400cm

◆作法順序
拼接A至F'布片（接縫順序請參照P.80），完成20片圖案→接縫圖案與a至c布片，彙整成中央部分→拼接G至I布片→中央部分周圍接縫d、e、G至I、g、f布片，完成表布→疊合鋪棉與胚布，進行壓線→進行周圍滾邊（請參照P.84）。

完成尺寸　190×160.5cm

圖案配置圖

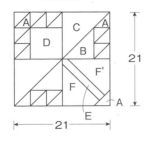

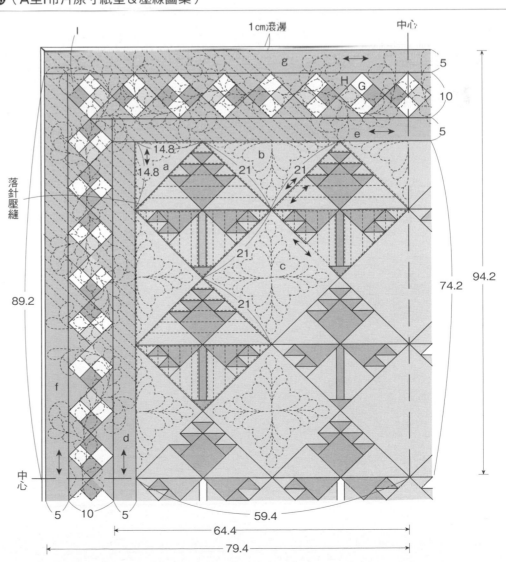

◆材料

No.3・No.4 相同 各式拼接用布片 內尺寸24×24cm 畫框

No.3 G、H用布30×20cm 滾邊用寬3.5cm 斜布條110cm 鋪棉、胚布各30×30cm 直徑0.6cm 鈕釦24顆

No.4 鋪棉、胚布各40×40cm 厚紙25×25cm

No.5 各式拼接用布片 紅色素布25×20cm E用布20×20cm F用布25×25cm 滾邊用寬3.5cm 斜布條90cm 鋪棉、胚布各30×30cm 25號紅色繡線 適量

◆作法順序

No.3 拼接A至F布片，完成9片圖案，進行接縫→接縫G、H布片，完成表布→疊合鋪棉與胚布，進行壓線→進行周圍滾邊（請參照P.84）→疊合背板，放入畫框。

No.4 拼接A布片（請參照P.80），完成表布→疊合鋪棉與胚布，進行壓線→依圖示完成縫製→放入畫框。

No.5 拼接A至F布片（請參照P.80），完成表布→疊合鋪棉與胚布，進行壓線→進行周圍滾邊→進行刺繡。

◆作法重點

○No.4 鋪棉與胚布多預留縫份。

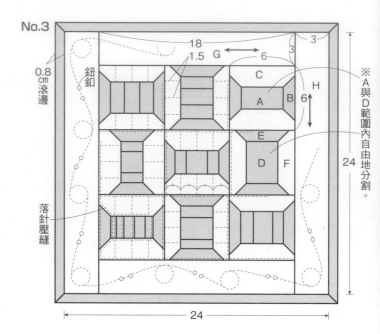

No.3

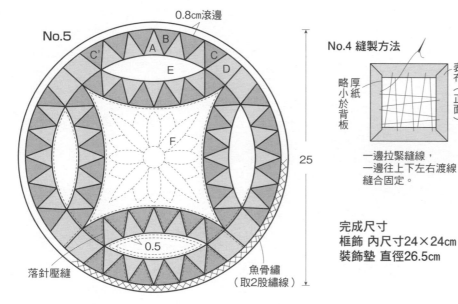

No.5

0.8cm滾邊

No.4 縫製方法

表布（正面）

厚紙略小於背板

一邊拉緊縫線，一邊往上下左右渡線，縫合固定。

完成尺寸

框飾 內尺寸24×24cm

裝飾墊 直徑26.5cm

落針壓縫

魚骨繡（取2股繡線）

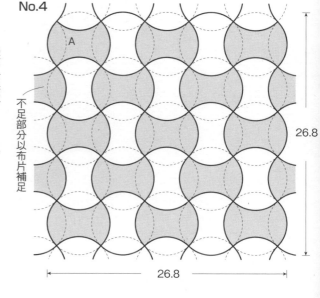

No.4

26.8

不足部分以布片補足

26.8

繡 法

直線繡
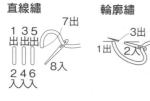

輪廓繡
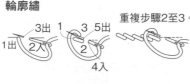
重複步驟2至3。

魚骨繡
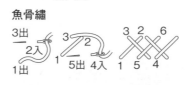

平針繡
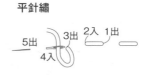

飛行繡

雛菊繡

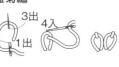

雙重雛菊繡
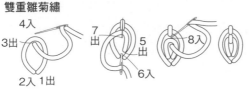

緞面繡
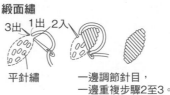
平針繡
一邊調節針目，一邊重複步驟2至3。

毛邊繡
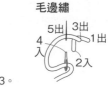
重複步驟2至3。

鎖鍊繡

重複步驟2至3。

十字繡

法國結粒繡
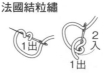

飛羽繡

毛邊繡

重複步驟2至3。

德國結粒繡

穿繞2次

雙重十字繡

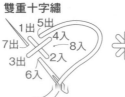

蛛網玫瑰繡
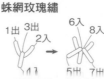

①繡線依圖示於台布上渡線後，縫縫5條線腳。
②挑針向右在背面穿出（1出）後，交互穿繞步驟①的線腳。

③重複步驟①、②，確實地填滿繡縫線腳範圍。

No.9 桌墊 ●紙型B面⑭（圖案ㄅ至ㄇ原寸紙型）

◆材料
各式拼接用小花圖案布片 拼接用白色素布110×250㎝ 滾邊用布110×230㎝（包含胚布部分）
薄鋪棉70×230㎝

◆作法順序
拼接布片完成21片圖案ㄅ、12片圖案ㄆ、128片圖案ㄇ、16片圖案ㄈ→接縫圖案ㄅ至ㄇ，完成3個
區塊A→接縫圖案ㄇ，完成20個區塊B→接縫圖案ㄅ、區塊A、區塊B、圖案ㄈ、布片a，完成表布→
疊合鋪棉與胚布，進行壓線→進行周圍滾邊（請參照P.84）。

◆作法重點
○圖案ㄅ用布片皆為白色素布，圖案ㄆ至ㄈ模樣部分使用小花圖案，再以白色素布為基底，構成整
　體配色。

完成尺寸　62×218㎝

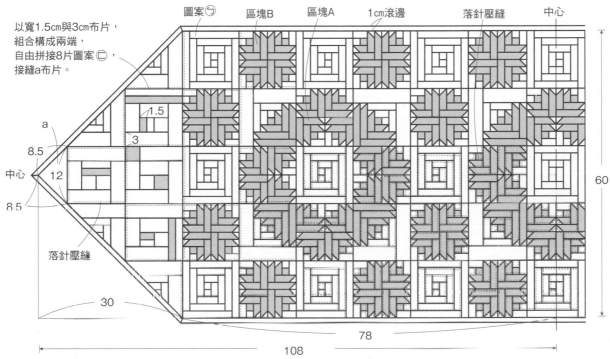

圖案配置圖

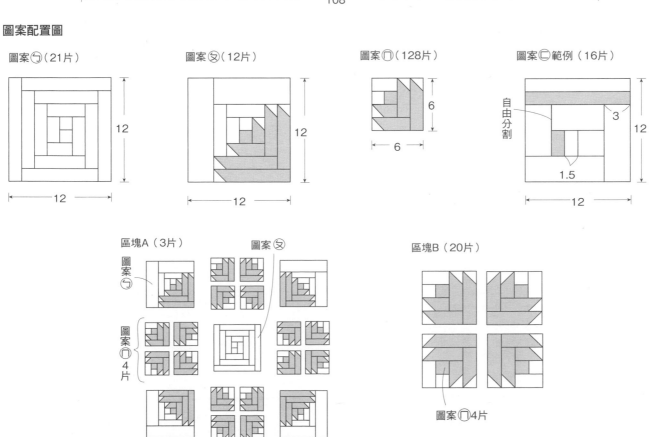

◆材料
各式拼接用布片 裡袋用布、單膠鋪棉各75×45cm 直徑
1cm鈕釦19顆 直徑1.8cm鈕釦4顆 寬1.7cm長40cm皮革
提把1組

◆作法順序
拼接A布片→黏貼鋪棉，進行壓線→依圖示完成縫製。

◆作法重點
○拼接之後燙開縫份。
○依完成尺寸裁剪接著鋪棉之後黏貼。

完成尺寸　27×31cm

縫製方法

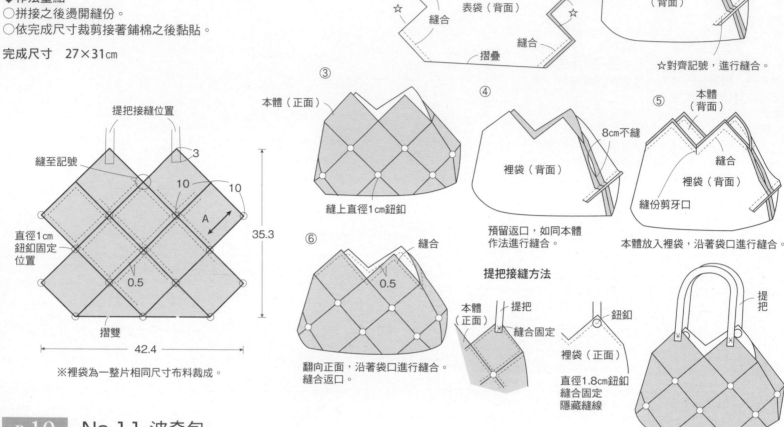

①
縫至記號
縫合
表袋（背面）
☆　縫合
縫合
摺疊

②
（背面）
☆對齊記號，進行縫合。

③
本體（正面）
縫上直徑1cm鈕釦

④
裡袋（背面）
8cm不縫
預留返口，如同本體作法進行縫合。

⑤
本體（背面）
縫合
裡袋（背面）
縫份剪牙口
本體放入裡袋，沿著袋口進行縫合。

⑥
縫合
0.5
翻向正面，沿著袋口進行縫合。
縫合返口。

提把接縫方法
本體（正面）
提把
縫合固定
裡袋（正面）
鈕釦
提把
直徑1.8cm鈕釦
縫合固定
隱藏縫線

提把接縫位置
3
縫至記號
10
10
A
直徑1cm
鈕釦固定
位置
35.3
0.5
摺雙
42.4
※裡袋為一整片相同尺寸布料裁成。

◆材料
各式拼接用布片 亞麻素布55×30cm（包含
C布片部分） 裡袋用布、單膠接著鋪棉各
40×30cm 長22cm拉鍊1條 直徑1cm鈕釦9顆
寬1cm緞帶15cm

◆作法順序
拼接A、B布片，接縫C布片，完成表布→黏
貼鋪棉，進行壓線→縫上鈕釦→依圖示完成
縫製。

完成尺寸　16×24cm

縫製方法

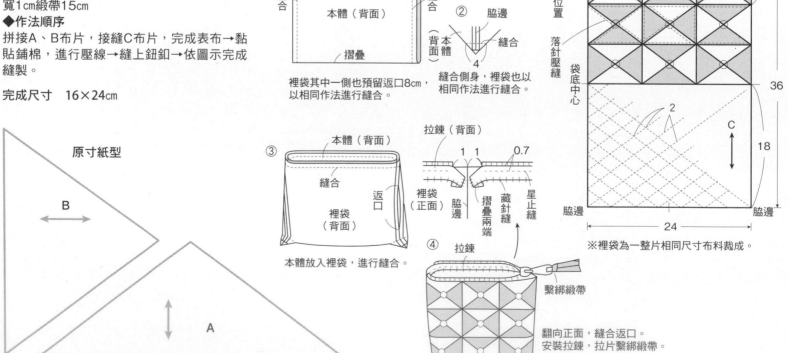

①
縫合
本體（背面）
縫合
摺疊

②
脇邊
本體（背面）
縫合
裡袋其中一側也預留返口8cm，
以相同作法進行縫合。
縫合側身，裡袋也以
相同作法進行縫合。

③
本體（背面）
縫合
返口
裡袋（背面）
本體放入裡袋，進行縫合。

拉鍊（背面）
1　1
0.7
裡袋（正面）
脇邊
摺疊兩端
藏針縫
星止縫

④
拉鍊
繫綁緞帶
翻向正面，縫合返口。
安裝拉鍊，拉片繫綁緞帶。

原寸紙型
B
A

中心
8
A
B
6
固定鈕釦位置
落針壓縫
袋底中心
36
2
C
18
脇邊
脇邊
24
※裡袋為一整片相同尺寸布料裁成。

◆材料
各式拼接用布片 側身用布90×50cm（包含後片、包釦、滾邊、滾邊繩、吊耳部分） 鋪棉、胚布各65×45cm 裡布80×50cm（包含處理縫份用寬4cm斜布條部分） 長23cm、26cm拉鍊各1條 直徑1.5cm包釦心4顆 直徑0.2cm串珠20顆 附活動鉤肩背帶1條 毛線適量

◆作法順序
拼接A布片，完成前片表布→前片、後片、上側身、下側身分別疊合鋪棉與胚布，進行壓線→後片口袋口與上側身進行滾邊→製作吊耳與滾邊繩（請參照P.85）→依圖示完成縫製→加上拉鍊裝飾與肩背帶。

◆作法重點
○前片與下側身進行壓線之後，疊合相同尺寸裡布。後片與上側身進行滾邊之後，疊合裡布（後片裡布背面相對疊合2片）。
○以斜布條包覆處理縫份（請參照P.85作法B）。

完成尺寸　17×25cm

前片　中心
A
17
前片
落針壓縫
袋底中心
25

後片　中心　口袋口
0.7cm滾邊
0.7cm滾邊
1.5
1.5
袋底中心
25

※裡布與本體為一整片相同尺寸布料裁成。

上側身
拉鍊安裝位置
中心
2.8
2.8
0.7cm滾邊
0.7
7
27

下側身　底中心
1.5
1.5
0.7
7
42

原寸紙型
A

縫製方法

① 長23cm拉鍊（背面）　後片（背面）
0.7cm星止縫
藏針縫

② 後片（正面）
0.5cm縫合
背面相對疊合裡布
後片裡布背面相對疊合2片

③ 長26cm拉鍊（背面）　上側身（背面）
0.7cm星止縫
藏針縫

④ 上側身（背面）
夾入吊耳
長5cm
2.5
正面相對進行縫合
下側身（背面）
接縫成圈，以斜布條包覆縫份。

⑤ 事先打開拉鍊
前片（正面）
後片（背面）
縫合
側身（背面）
前片與後片暫時固定滾邊繩，正面相對疊合側身，進行縫合。

⑥ （背面）　側身（正面）
滾邊繩
以斜布條包覆縫份

前片布片配置圖
完成線
縫份0.7cm
多拼接一些布片

吊耳
（2片）（原寸裁剪）
3.5
7

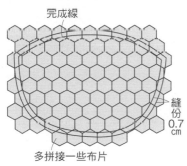

① 0.7cm縫合　（背面）　摺疊
② 放入毛線　翻向正面

滾邊繩
②放入毛線。
①縫合0.7cm。
原寸裁剪寬3.5cm斜布條（正面）
長75cm
製作2條

拉鍊裝飾
① 包釦心　0.7　沿著布片周圍，進行平針縫。
② （正面）　放入包釦心拉緊縫線。
③ 拉片　包釦　串珠　以2顆包釦夾縫拉片端部的珠珠，包釦周圍縫上10顆串珠。

肩背帶
鉤住吊耳

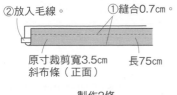

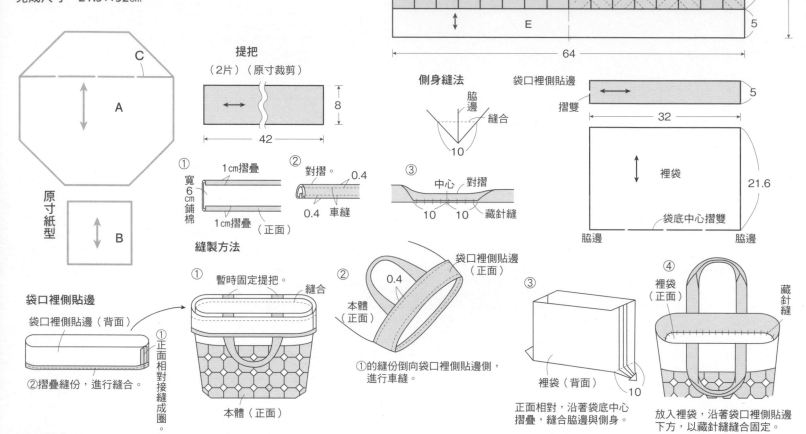

◆材料
各式拼接用布片 C、D用布110×20cm（包含提把部分） 袋口裡側貼邊用布10×70cm 裡袋用布50×35cm 鋪棉、胚布各70×45cm

◆作法順序
拼接A至C布片→接縫D、E布片，完成表布→疊合鋪棉與胚布，進行壓線→正面相對摺疊，縫合脇邊與袋底（縫份處理方法請參照P.85作法C），縫合側身→製作提把、袋口裡側貼邊、裡袋→依圖示完成縫製。

完成尺寸 21.5×32cm

提把接縫位置　中心　脇邊　提把接縫位置　中心　脇邊

5　5　　D　　4　　B
8
C
A
26.6
13.6
E
5

64

提把
（2片）（原寸裁剪）
8
42

側身縫法
脇邊
縫合
10

袋口裡側貼邊
摺雙
5
32

裡袋
21.6
袋底中心摺雙
脇邊　脇邊

原寸紙型
C
A
B

① 1cm摺疊　寬6cm鋪棉　1cm摺疊（正面）
② 對摺。0.4　0.4　車縫
③ 中心　對摺　10　10　藏針縫

縫製方法

袋口裡側貼邊
袋口裡側貼邊（背面）
①正面相對接縫成圈。
②摺疊縫份，進行縫合。

① 暫時固定提把。　縫合
本體（正面）

② 0.4　袋口裡側貼邊（正面）　本體（正面）
①的縫份倒向袋口裡側貼邊側，進行車縫。

③ 裡袋（背面）　10
正面相對，沿著袋底中心摺疊，縫合脇邊與側身。

④ 裡袋（正面）　藏針縫
放入裡袋，沿著袋口裡側貼邊下方，以藏針縫縫合固定。

◆材料(一件的用量)
各式拼接用布片 接著襯、雙面接著鋪棉、胚布各25×15cm 滾邊用寬3.5cm斜布條70cm 小圓珠26顆 長20cm拉鍊1條 直徑5cm螺絲式鑰匙圈1個

◆作法順序
拼接A布片，黏貼接著襯，裁剪成本體形狀→縫上串珠→依圖示完成縫製。

◆作法重點
○雙面接著鋪棉與胚布摺雙裁剪，中央不剪接。

※A布片原寸紙型請參照P.97。

（2片）（原寸裁剪）
拉鍊止縫點
A
11
串珠
10
完成尺寸 11×10cm

縫製方法
①
背面黏貼接著襯，依照紙型進行裁剪。

② 藏針縫　1.7　斜布條（正面）　雙面接著鋪棉　胚布（背面）　併攏2片　本體（背面）
雙面接著鋪棉與胚布，摺雙裁剪，摺疊3層，進行黏貼，中央以藏針縫縫合斜布條。

紙襯式拼接

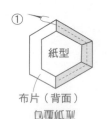
① 紙型　布片（背面）　包覆紙型進行疏縫
② （正面）　（背面）　正面相對疊合2片，進行捲針縫。接縫所有布片之後，取出紙型。

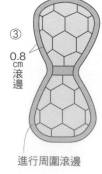
③ 0.8cm滾邊　進行周圍滾邊

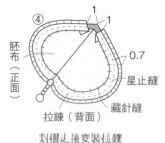
④ 1　1　胚布（正面）　0.7　星止縫　拉鍊（背面）　藏針縫　對摺並安裝拉鍊

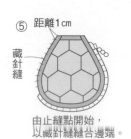
⑤ 距離1cm　藏針縫　由止縫點開始，以藏針縫縫合邊端。

⑥ 穿套鑰匙圈

◆材料
各式拼接用布片 C用布90×60cm（包含側身、B布片部分） 滾邊用寬4cm斜布條140cm 鋪棉、胚布各90×80cm 直徑1.4cm縫式磁釦2組 提把用寬2.5cm平面織帶120cm

◆作法順序
拼接A布片，接縫B與C布片，完成表布→疊合鋪棉與胚布，進行壓線→側身也以相同作法進行壓線→依圖示完成縫製→接縫提把與固定磁釦。

完成尺寸 35.5×49cm

縫製方法

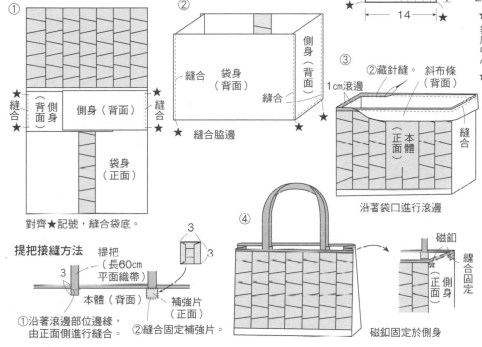

①
對齊★記號，縫合袋底。

②
縫合 袋身（背面）
側身（背面）
縫合
縫合脇邊

提把接縫方法
提把（長60cm 平面織帶）
本體（背面）
補強片（正面）
①沿著滾邊部位邊緣，由正面側進行縫合。
②縫合固定補強片。

③
②藏針縫。 斜布條（背面）
1cm滾邊
本體（正面）
縫合
沿著袋口進行滾邊

④
磁釦固定於側身

磁釦
本體（正面）
側身（正面）
縫合固定

側身（2片）
1.5 1.5
磁釦固定位置
34.5
14

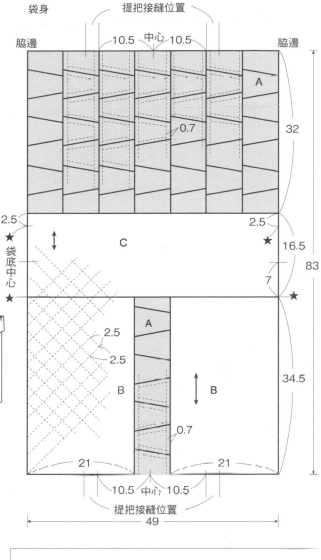

袋身 提把接縫位置
脇邊 10.5 中心 10.5 脇邊
A
0.7
32
2.5 2.5
袋底中心 C 16.5
7
83
2.5 A
2.5
B B
0.7 34.5
21 21
10.5 中心 10.5
提把接縫位置
49

◆材料（1件的用量）
各式拼接（或貼布縫）用布片 裡袋用布40×15cm 鋪棉45×20cm 寬12cm口金1個 No.20貼布縫用土台布30×20cm

◆作法順序
拼接A布片（No.20請參照P.81進行貼布縫），完成2片表布→疊合鋪棉，進行壓線→正面相對疊合2片，縫至止縫點，依圖示完成縫製→安裝口金。

縫製方法
①
裡袋（背面）
8cm返口
正面相對疊合2片裡袋布，進行縫合。

②
裡袋（背面）
本體（背面）
正面相對疊合本體與裡袋，沿著袋口進行縫合，由返口翻向正面，縫合返口。

口金安裝方法
事先沿著袋口進行車縫
口金 紙繩
裡袋（正面）
本體（正面）
口金凹槽塗膠，夾入本體袋口部位之後，以尖錐壓入紙繩。

原寸紙型
A
A
完成尺寸 12×16cm

No.18
（2片） 中心
※裡袋相同尺寸。（3款相同）
止縫點
12.3
16.2

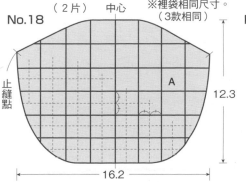

No.19
（2片）中心
0.3 A
止縫點
12.3
16.2

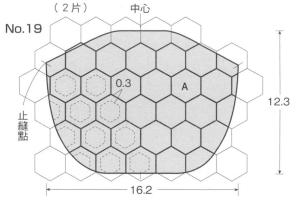

No.20
（2片）中心
貼布縫
A
0.4
止縫點
16.2

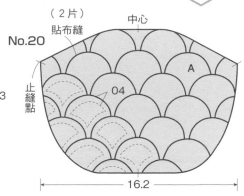

No.22 壁飾 ●紙型B面❿（B布片原寸紙型＆刺繡圖案）

◆**材料（1件的用量）**
各式拼接用布片　B用布35×25cm　扇形邊飾用布55×40cm　鋪棉80×30cm
胚布30×40cm　25號紅色繡線適量

◆**作法順序**
參照P.20，B布片進行刺繡（一大片B用布，先刺繡，再裁成拼接用布片）
→拼接A布片，完成6片「九拼片」圖案，接縫B布片，完成表布→完成扇形
邊飾→表布疊合鋪棉與胚布，進行壓線→依圖示完成縫製。

◆**作法重點**
○事先進行壓線至距離周圍2cm，以藏針縫縫合固定胚布之後，再完成剩餘
　部分壓線。

完成尺寸　32×40cm

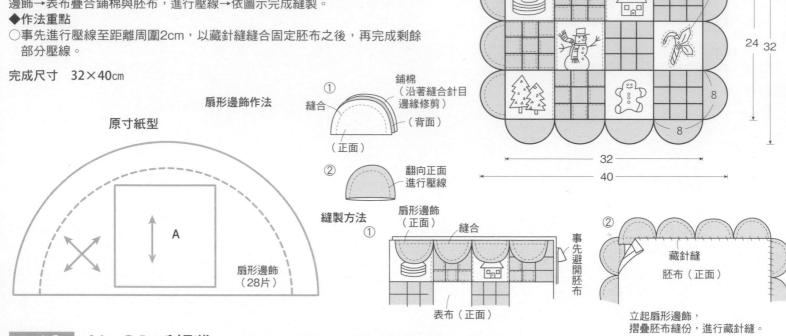

扇形邊飾作法

原寸紙型

A

扇形邊飾（28片）

鋪棉（沿著縫合針目邊緣修剪）（背面）

① 縫合（正面）

② 翻向正面進行壓線

縫製方法

① 扇形邊飾（正面）　縫合　事先避開胚布　表布（正面）

② 藏針縫　胚布（正面）

立起扇形邊飾，摺疊胚布縫份，進行藏針縫。

No.21 手提袋 ●紙型B面❿（原寸刺繡、壓線圖案）

◆**材料**
各式拼接用布片（包含提把部分）　前片B用白色素布25×10cm
F用直條紋布65×25cm（包含後片B用、滾邊用部分）　鋪棉、
胚布各30×60cm　單膠鋪棉10×35cm　25號紅色繡線適量

◆**作法順序**
1片B布片進行刺繡→拼接A布片，接縫B至F布片，完成表布→
疊合鋪棉、胚布，進行壓線→正面相對摺疊，縫合脅邊與袋底
→沿著袋口進行滾邊→完成提把，進行接縫。

◆**作法重點**
○F布片事先進行壓線至距離兩端2cm處，縫合脅邊之後，再進
　行剩餘部分壓線。

完成尺寸　27.5×24.5cm

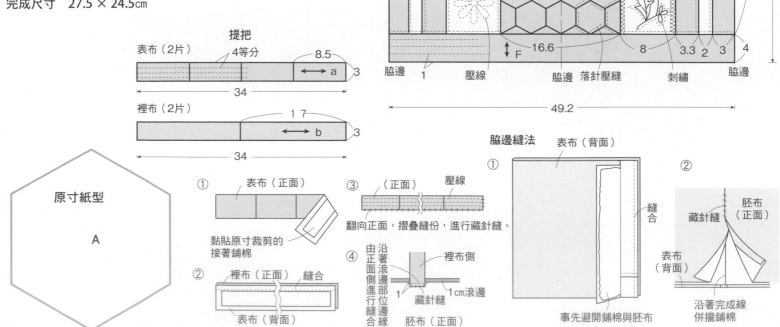

提把

表布（2片）　4等分　8.5　←a→　3　34

裡布（2片）　1 7　←b→　3　34

原寸紙型

A

① 表布（正面）　黏貼原寸裁剪的接著鋪棉

② 裡布（正面）　縫合　表布（背面）

③ （正面）　壓線　翻向正面，摺疊縫份，進行藏針縫。

④ 由正面側進行縫合邊緣。沿著正面滾邊部位　裡布側　藏針縫　1cm滾邊　胚布（正面）

脅邊縫法

① 表布（背面）　縫合　事先避開鋪棉與胚布

② 藏針縫　胚布（正面）　表布（背面）　沿著完成線併攏鋪棉

◆材料
各式貼布縫、YOYO球用布片 台布、鋪棉、胚布各45×70cm（包含補強片部分） 直徑0.6至0.9cm鈕釦17顆 滾邊用寬3.5cm斜布條190cm 穗飾用長5cm軟木1個 穗飾用毛氈布10×10cm 寬1.5cm羅紋緞帶、寬0.2cm波形織帶各10cm 穗飾用麂皮30×5cm 穗飾用直徑0.5cm繩帶35cm（包含吊耳部分） 貼布縫用飾邊印花布、雙面接著襯、喜愛的組件各適量

◆作法順序
台布自由地進行原寸裁剪貼布縫之後，進行刺繡→疊合鋪棉與胚布，進行壓線→進行周圍滾邊→縫合固定鈕釦、組件、YOYO球→加上穗飾與吊耳。

◆作法重點
○進行原寸裁剪貼布縫，背面黏貼雙面接著襯之後，裁剪成主題圖案或喜愛的圖案，以熨斗燙黏於台布，取1條縫線，進行縫合固定（車縫或手縫皆可）。

完成尺寸 66.5×41.5cm

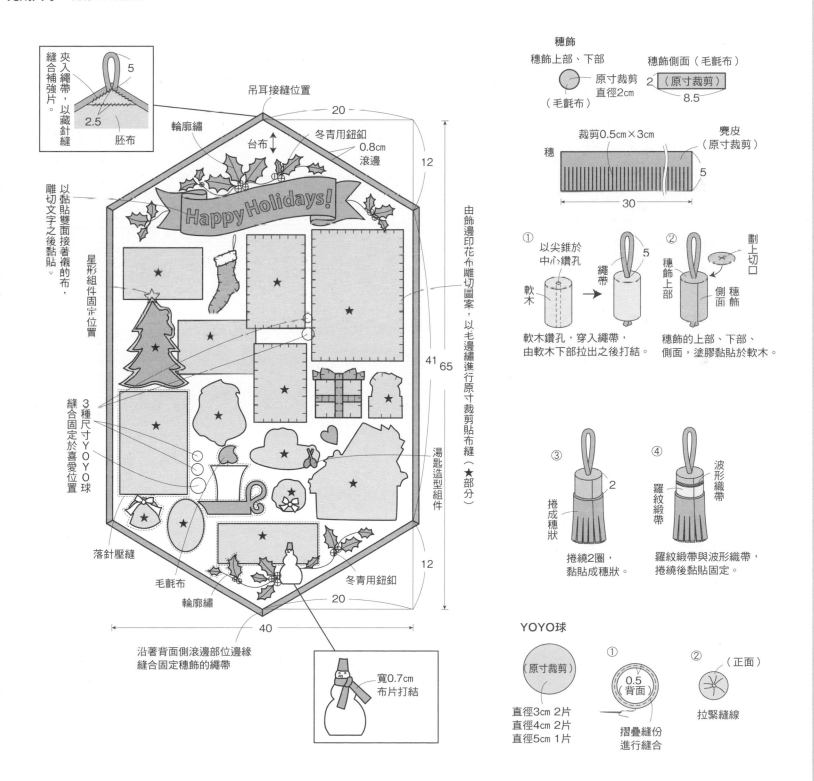

95

No.24 壁飾 ●紙型B面❷（圖案原寸紙型＆壓線圖案）

◆材料
各式拼接、貼布縫YOYO球用布片 a、b、滾邊用布60×85cm 鋪棉、胚布各50×50cm
寬1.3cm花片9片 高0.6cm鈴鐺1個 蝴蝶結用布15×15cm 25號繡線適量
◆作法順序
拼接布片，完成4片圖案，周圍接縫a與b，完成表布→如同No.23作法完成縫製。

完成尺寸 41.5×41.5cm

原寸刺繡圖案

葉形繡
（取3股繡線）

花片

法國結粒繡
（取3股繡線・繞線4次）

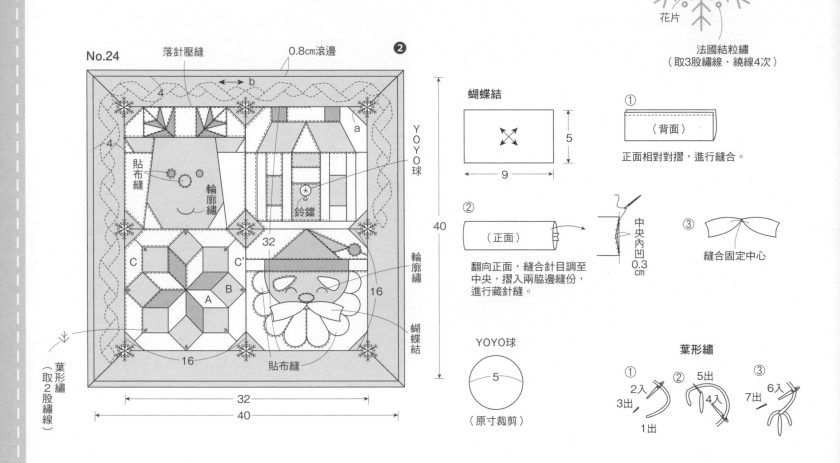

No.47 餐墊 ●紙型B面⓯（圖案原寸紙型）

◆材料（1件的用量）
各式拼接用布片 鋪棉、胚布各45×35cm
滾邊用寬4cm斜布條150cm
◆作法順序
拼接A至G布片，完成1片「葡萄酒杯」圖案（接縫順序請參照P.81）→拼接G與I布片，完成11個區塊→接縫圖案與區塊，完成表布→疊合鋪棉與胚布，進行壓線→進行周圍滾邊（請參照P.84）。

完成尺寸 32×42cm

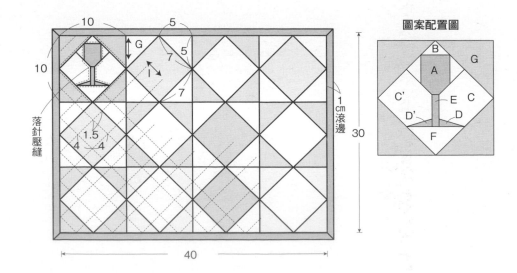

圖案配置圖

◆材料（1件的用量）
各式拼接用布片 B、C用布100×55cm（包含側身、
提把、拉鍊尾片、滾邊部分） 拉鍊裝飾用布35×10cm
裡袋用布、鋪棉、胚布各60×70cm 長42cm拉鍊1條

◆作法順序
拼接A布片，接縫B、C布片，完成袋身表布→疊合鋪
棉與胚布，進行壓線→側身以相同作法進行壓線→沿著
袋身的袋口部位進行滾邊，安裝拉鍊→製作拉鍊尾片→
依圖示完成縫製→製作提把，接縫於本體→拉片加上拉
鍊裝飾。

◆作法重點
○安裝拉鍊之前，將鍊齒對齊滾邊部位的邊端。

完成尺寸　15×43cm

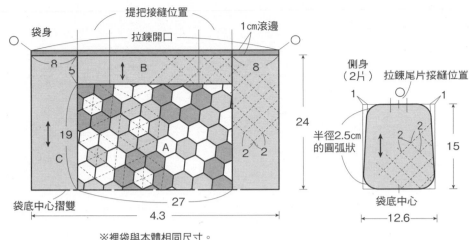

※裡袋與本體相同尺寸。

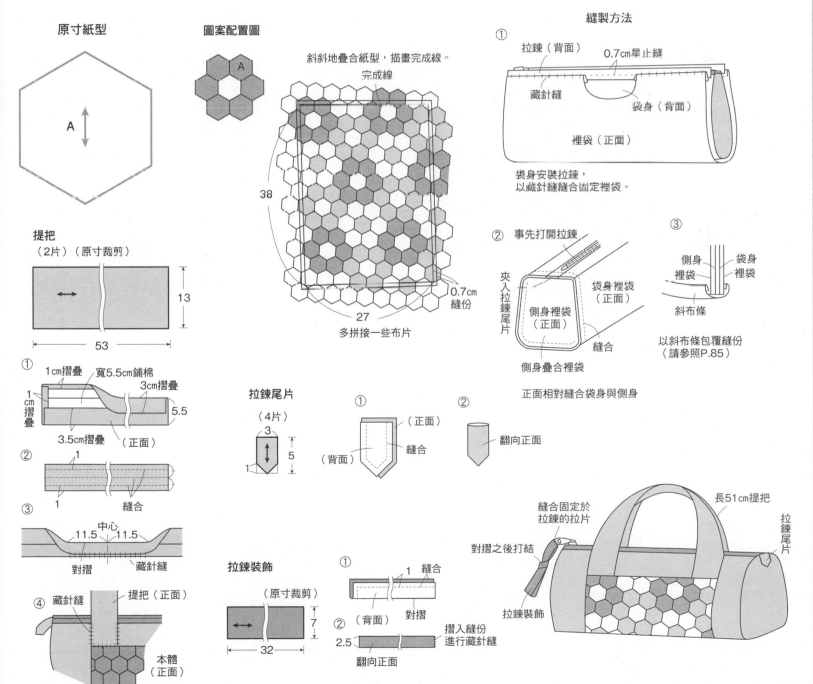

No.25 彩繪玻璃拼布壁飾 ●紙型B面⑲

◆材料
各式配色用布片 接著斜布條寬0.4㎝長410㎝ 寬0.6㎝長360㎝ 台布、鋪棉、胚布各55×55㎝
滾邊用寬3.5㎝斜布條200㎝ 25號黑色繡線適量
◆作法順序
台布疊合配色布，進行疏縫→由下往上，以藏針縫依序縫上斜布條，完成表布→疊合鋪棉與胚
布，進行壓線→進行周圍滾邊（請參照P.84）。

完成尺寸　49×47cm㎝

斜布條端部繡法

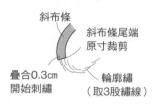

斜布條
斜布條尾端
原寸裁剪
疊合0.3㎝
開始刺繡
輪廓繡
（取3股繡線）

鑲嵌玻璃拼布作法

①台布描畫圖案。

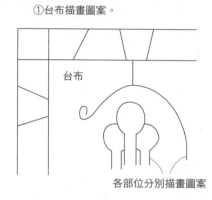

台布

各部位分別描畫圖案

②裁剪配色布。

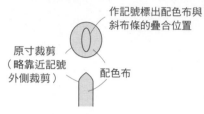

作記號標出配色布與
斜布條的疊合位置
原寸裁剪
（略靠近記號
外側裁剪）
配色布

③

斜布條
疏縫

台布疊合配色布，
進行疏縫，由下而上，
依序黏貼斜布條，進行藏針縫。

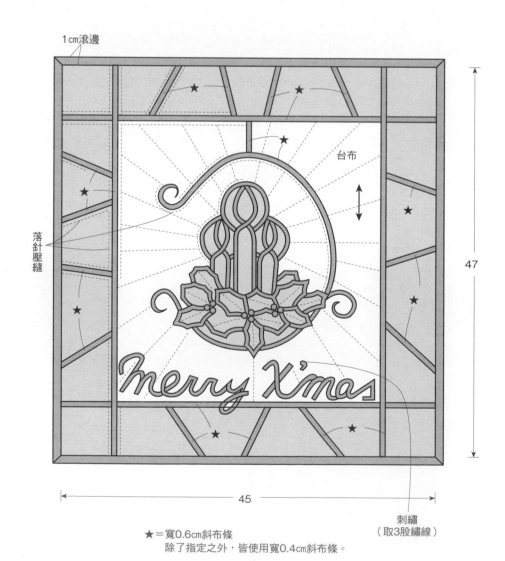

1㎝滾邊

台布

落針壓縫

47

45

刺繡
（取3股繡線）

★＝寬0.6㎝斜布條
除了指定之外，皆使用寬0.4㎝斜布條。

◆材料
各式拼接用布片 袋底用布60×30cm（包含袋口布表布、滾邊部分） 鋪棉、胚布（包含袋口布裡布、襯底墊部分）90×60cm 長38cm拉鍊1條（拉片為珠鍊類型） 包包用底板27×12cm 長43cm提把1組

◆作法順序
拼接A至E'布片，完成2片袋身表布→疊合鋪棉與胚布，進行壓線→袋底以相同作法進行壓線→製作袋口布→依圖示完成縫製。

◆作法重點
○袋底內側以藏針縫縫上襯底墊。

完成尺寸　24.5×38cm

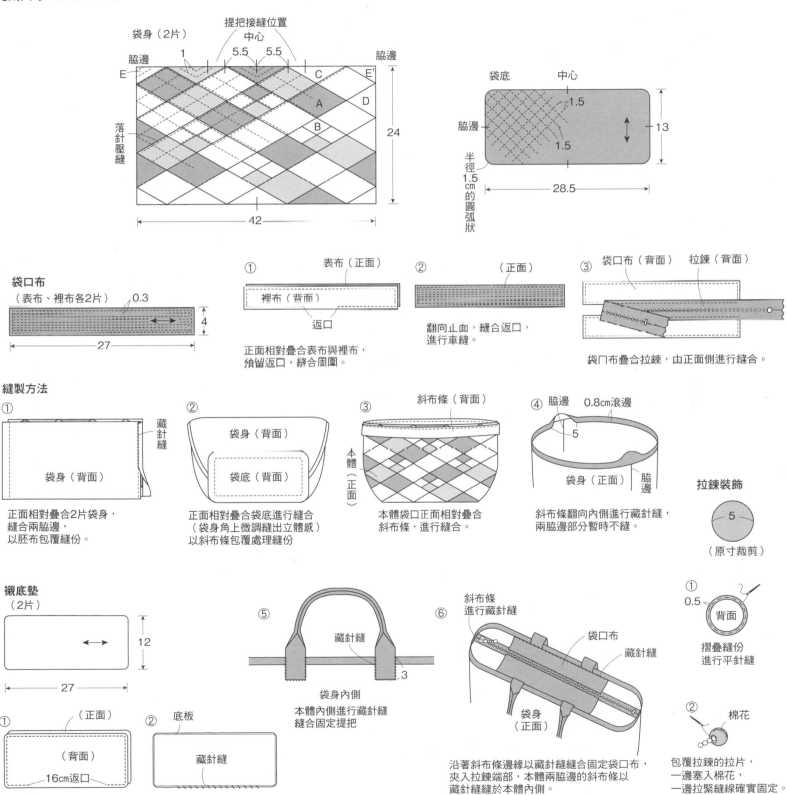

No.28 手提袋

◆材料
各式拼接用布片 B用布55×45cm C用布40×15cm
寬4cm斜布條100cm 鋪棉、胚布（包含補強片部分）
各95×50cm 長60cm提把1組

◆作法順序
拼接A布片，完成20片圖案→接縫B與C布片，完成表
布→疊合鋪棉與胚布，進行壓線→依圖示完成縫製。

◆作法重點
○脇邊縫份處理方法請參照P.85作法A。

完成尺寸　37×45cm

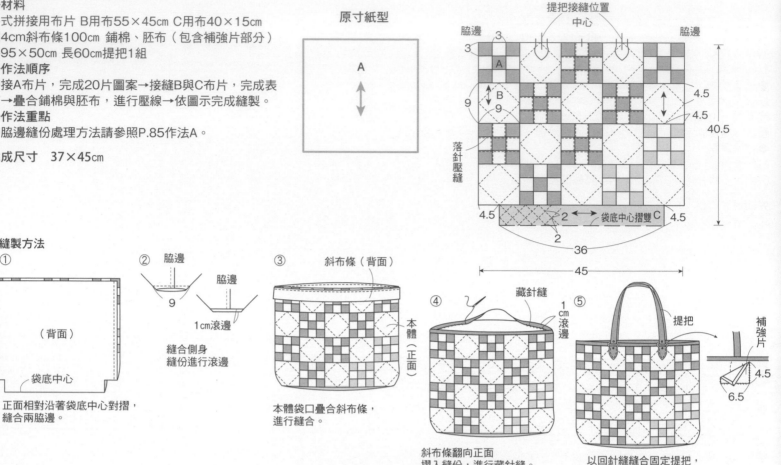

縫製方法

① 正面相對沿著袋底中心對摺，
縫合兩脇邊。

② 縫合側身
縫份進行滾邊

③ 本體袋口疊合斜布條，
進行縫合。

④ 斜布條翻向正面
摺入縫份，進行藏針縫。

⑤ 以回針縫縫合固定提把，
內側以藏針縫縫上補強片。

No.30 學習袋

◆材料
有刺繡圖案的A用布75×25cm B用布
50×35cm 側身用布60×35cm 袋底用布
40×30cm 袋口布75×50cm 鋪棉、胚布
各100×80cm 寬3.2cm斜布條150cm 直
徑0.3cm蠟繩340cm 長54cm附金屬夾提把
1組

◆作法順序
拼接A、B布片，完成2片袋身表布→袋
身、側身、袋底的表布分別疊合胚布，進
行壓線→製作袋口布→依圖示完成縫製。

◆作法重點
○胚布多預留縫份，包覆縫份。

完成尺寸　30×68cm

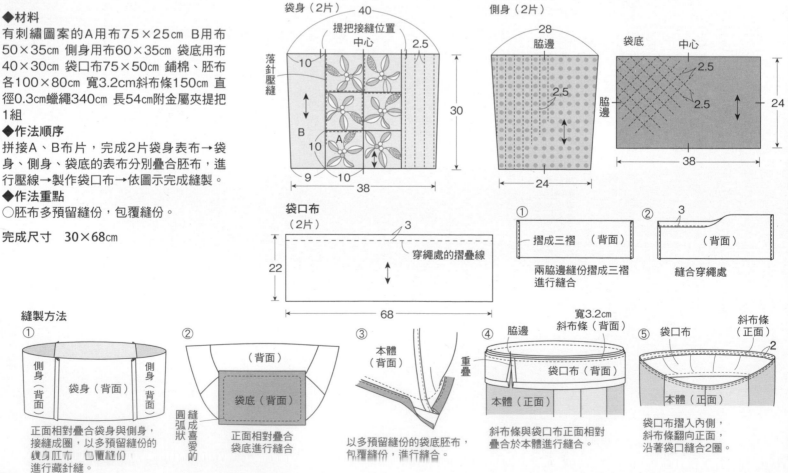

縫製方法

① 正面相對疊合袋身與側身，
接縫成圈，以多預留縫份的
袋身胚布，包覆縫份
進行藏針縫。

② 正面相對疊合
袋底進行縫合

③ 以多預留縫份的袋底胚布，
包覆縫份，進行縫合。

④ 斜布條與袋口布正面相對
疊合於本體進行縫合。

⑤ 袋口布摺入內側，
斜布條翻向正面，
沿著袋口縫合2圈。

No.32 迷你壁飾 ●紙型A面❽（區塊原寸圖案）

◆材料
各式拼接用布片 A用布25×50cm B用布20×20cm C用布
30×15cm 鋪棉、胚布、拼布用紙各30×30cm 滾邊用寬3.5cm
斜布條120cm 寬0.8cm波形織帶25cm 直徑1.2cm鈕釦3顆 直徑
1cm、1.4cm鈕釦各1顆

◆作法順序
以紙樣拼接法分別完成1個區塊㈠與㈡、3個區塊㈢→接縫區塊
㈠至㈤，上下接縫C布片，完成表布→疊合鋪棉與胚布，進行
壓線→縫合固定織帶與鈕釦→進行周圍滾邊（請參照P.84）。

◆作法重點
○紙樣拼接法的縫法請參照P.32。
○除了織帶端部上方縫釦之外，其餘鈕釦縫於喜愛位置。

完成尺寸　27.5×27.5cm

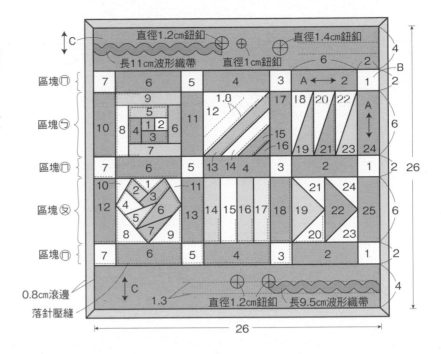

No.56 卡套 ●紙型B面❽（A至E＆後片原寸紙型）

◆材料
白色印花布10×10cm 藍色素布30×20cm 裡布30×10cm 薄
接著襯、雙面接著襯各15×15cm 厚接著襯10×10cm 直徑1cm
環釦2組 寬0.6cm羅紋緞帶、寬1cm緞帶各5cm 直徑0.4cm鬆緊
繩40cm

◆作法順序
拼接A至E布片，完成前片表布→依圖示完成縫製。

完成尺寸
11×7cm

縫製方法

① 前片背面黏貼原寸裁剪的薄接著襯，
接著黏貼雙面接著襯的其中一側。
疊合裡布，縫合周圍，翻向正面，
縫合返口，以熨斗燙黏。

② 後片疊合口袋布，
暫時固定，如同前片作法，
黏貼接著襯與雙面接著襯，
疊合裡布，縫合周圍，翻向正面。

③ 縫合返口，開環釦孔洞。
背面相對疊合前片與後片，
以捲針縫進行縫合，
穿入鬆緊繩。

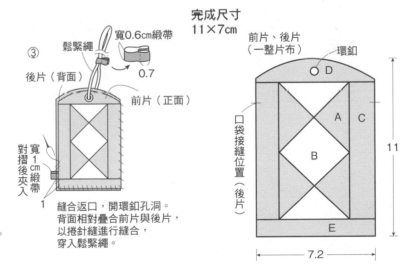

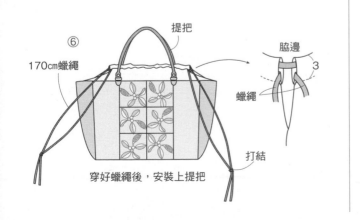

⑥
170cm蠟繩　提把
脇邊
蠟繩
打結
穿好蠟繩後，安裝上提把

口袋

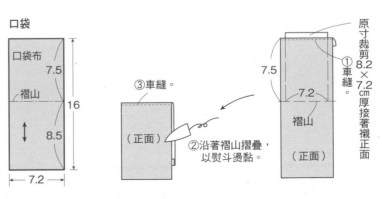

◆材料
縱向編帶用布110×100cm（包含袋底編帶、袋身編帶B部分） 袋身編帶A用布20×100cm 袋口布110×20cm（包含釦絆部分） 裡袋用布60×50cm 極厚接著襯25×15cm 厚接著襯30×45cm 薄接著襯40×45cm 雙面接著襯10×10cm 寬2.5cm立體拼布編帶2000cm 內徑30cm鋁製口金1個 長48cm提把、直徑1.8cm縫式磁釦各1組

◆作法順序
製作編帶→完成釦絆→製作裡袋→依圖示完成縫製。

完成尺寸　19.5×34cm

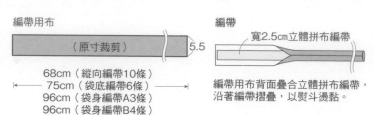

編帶用布
（原寸裁剪） 5.5
68cm（縱向編帶10條）
75cm（袋底編帶6條）
96cm（袋身編帶A3條）
96cm（袋身編帶B4條）

編帶
寬2.5cm立體拼布編帶
編帶用布背面疊合立體拼布編帶，沿著編帶摺疊，以熨斗燙黏。

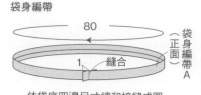

袋身編帶
80
袋身編帶A（正面）
1 縫合
依袋底四邊尺寸總和接縫成圈，※袋身編帶B作法相同。

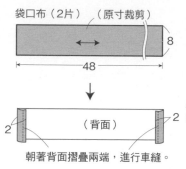

袋口布（2片）（原寸裁剪）
8
48
朝著背面摺疊兩端，進行車縫。
2 （背面） 2

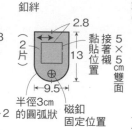

釦絆
2.8
黏貼接著襯位置
2片
13
9.5
半徑3cm的圓弧狀
磁釦固定位置
5×5雙面接著襯

釦絆
①
返口
縫合
（正面） 背面
（正面）
磁釦
黏貼厚接著襯
1片背面黏貼接著襯，正面相對疊合2片，預留返口，進行縫合。

②
（正面）
磁釦
放入接著襯，以熨斗壓燙，撕掉背紙，再次壓燙。
翻向正面，內側黏貼接著襯，縫合固定磁釦。

裡袋 ※配合本體調整尺寸。
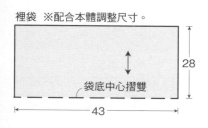
28
袋底中心摺雙
43

裡袋
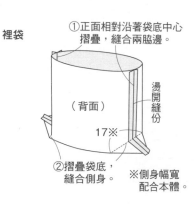
①正面相對沿著袋底中心摺疊，縫合兩脇邊。
（背面）
燙開縫份
17※
②摺疊袋底，縫合側身。
※側身幅寬配合本體。

縫製方法
①
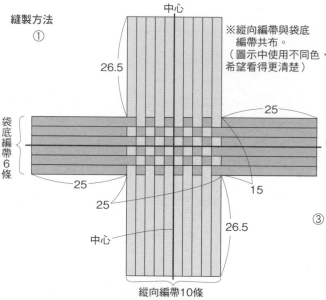
中心
26.5
25
25
25
15
26.5
中心
中心
中心
袋底編帶6條
縱向編帶10條
※縱向編帶與袋底編帶共布。（圖示中使用不同色，希望看得更清楚）

橫向並排10條縱向編帶，由中心朝著上下分別編織3條，依圖示緊密穿入袋底用編帶，編織縱向編帶與袋底編帶之後，背面黏貼長25cm×寬15cm厚接著襯。

②
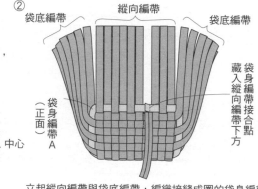
袋底編帶 縱向編帶 袋底編帶
袋身編帶A（正面）
藏入縱向編帶接合點下方
袋身編帶接合點下方
立起縱向編帶與袋底編帶，編織接縫成圈的袋身編帶A。

③
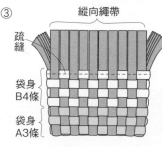
縱向繩帶
疏縫
袋身B4條
袋身A3條
※袋身編帶B、縱向編帶、袋底編帶共布。（使用不同色，希望看得更清楚）
如同②作法，不留空隙地緊密編織袋身A與B編帶，第7段進行疏縫，避免編帶移動位置。

---

④
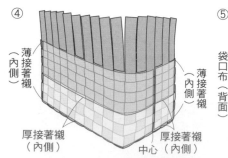
薄接著襯（內側）
薄接著襯（內側）
厚接著襯（內側）
厚接著襯中心（內側）
袋身內側下方至第3段為止，黏貼厚接著襯，下方至第7段為止，內側黏貼薄接著襯。

⑤
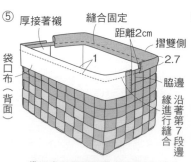
厚接著襯
縫合固定
距離2cm
摺雙側
2.7
袋口布（背面）
脇邊
緣沿進行縫合
沿著第7段邊
1
袋口布正面相對疊合於第7段邊緣，進行縫合。沿著縫份邊緣，修剪縱向編帶與袋底編帶，立起袋口布，進行縫合固定。

⑥
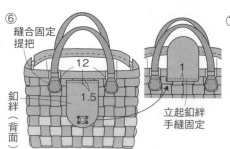
縫合固定提把
12
1
釦絆（背面）
1.5
立起釦絆手縫固定
縫合固定提把與釦絆

⑦

裡袋（正面）
鋁製口金
藏針縫
4,5
磁釦
將裡袋放入內側，沿著袋口進行藏針縫，將口金穿入袋口布，安裝如圖。

No.38 手提袋 ●紙型B面⓰（原寸刺繡圖案）

◆材料
各式拼接、貼布縫用布片 A用布20×30cm B用布20×15cm C用布15×40cm 裡袋用布30×70cm 薄接著襯70×70cm 長40cm縫式皮革提把1組 MOCO繡線各色適量

◆作法順序
拼接A至C布片，完成前片表布→前片進行刺繡、貼布縫→接縫D布片，完成後片表布→依圖示完成縫製。

完成尺寸 33×27.5cm

前片
提把接縫位置
中心
11　4
完成尺寸寬2cm、長12至14.5cm
主題圖案進行貼布縫
刺繡
24
A
0.5
C
9
B
4.7
15.5　12
27.5
平針繡（89、92、704、751）
平針繡（83與704）自由刺繡方格狀模樣
※背面黏貼接著襯。

後片
提把接縫位置
中心
5.5　11　4
5.5
D
33
刺繡
接縫處進行十字繡（261）
27.5
※背面黏貼接著襯。

立體鍊形繡的繡法
1出
直線繡
不挑縫布片，一邊捲繞直線繡，一邊進行鎖鍊繡。

立體葉片的繡法
① ②
2入 3出　1出
縫針繞過珠針掛線
縫針繞過珠針掛線之後，交互穿縫3條線腳，渡線穿向另一側。
③ ④
以步驟②要領，縫針交互穿縫線腳，渡線穿向另一側。
重複步驟②至③，依序穿縫渡線至完全覆蓋左右側線腳。

縫製方法

① 前片（正面） 後片（背面）
縫合
接著襯
背面點貼接著襯的前片與後片，正面相對疊合，進行縫合，翻向正面。

② 裡袋尺寸66×27.5cm
裡袋（正面）
縫合
接著襯
8cm返口
袋底中心摺雙
背面黏貼接著襯的裡袋，正面相對沿著袋底中心摺疊，預留返口，進行縫合。

③ 本體（背面）
燙開縫份
縫合
返口
正面相對疊合本體與裡袋，沿著袋口進行縫合，翻向正面。

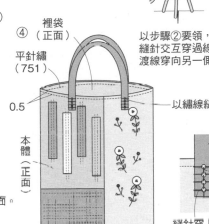
④ 裡袋（正面）
平針繡（751）
0.5
本體（正面）
縫合返口，沿著袋口進行縫合，接縫提把。

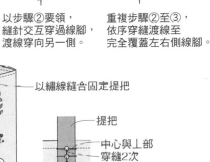
以繡線縫合固定提把
提把
中心與上部
穿縫2次
縫針穿上繡線，一邊穿縫提把孔洞，一邊縫合固定提把。

No.39 波奇包 ●紙型A面❼

◆材料
各式拼接用布片 裡袋用布、單膠鋪棉、薄接著襯各25×35cm 寬15cm蛙嘴口金1個 MOCO繡線各色適量

◆作法順序
拼接布片，完成前片與後片的表布→進行刺繡→製作裡袋→依圖示完成縫製。

完成尺寸 14×20.5cm

前片
間隔0.3至0.7cm進行平針繡（83、704、751）
中心
A 刺繡
❼
止縫點 D
B
E 止縫點
C
20.7
※裡袋相同尺寸。

後片
刺繡於喜愛位置
返口
中心
間隔0.3至0.7cm進行平針繡
A 刺繡
14
止縫點 4.6
4.5 8 4.5 4.6
6.5 5
20.7
※裡袋相同尺寸。

縫製方法

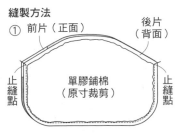
① 前片（正面） 後片（背面）
止縫點
單膠鋪棉（原寸裁剪）
止縫點
完成拼接、刺繡的前片與後片表布，背面黏貼鋪棉，正面相對疊合，由止縫點開始，縫合下部。
※裡袋背面黏貼接著襯，作法相同。

② 縫合
止縫點
止縫點
返口
裡袋（背面）
正面相對疊合本體與裡袋，預留返口，由止縫點開始縫合上部。

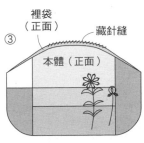
③ 裡袋（正面）
藏針縫
本體（正面）
翻向正面，縫合返口。

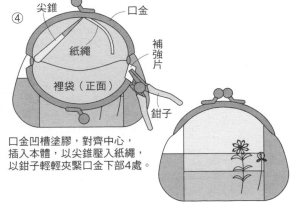
④ 尖錐 口金
紙繩
裡袋（正面）
補強片
鉗子
口金凹槽塗膠，對齊中心，插入本體，以尖錐壓入紙繩，以鉗子輕輕夾緊口金下部4處。

◆材料
相同 各式拼接用布片 鋪棉、胚布各50×50cm 長37cm拉鍊1條
No.48 H、I用布85×50cm（包含後片部分）
No.49 D用布80×50cm（包含後片用布）

◆作法順序
拼接A至G（No.49 A至C）布片，完成圖案，進行接縫→周圍接縫H、I（No.49 D）布片，完成表布
→疊合鋪棉與胚布，進行壓線→製作後片→依圖示完成縫製。

完成尺寸　42×42cm

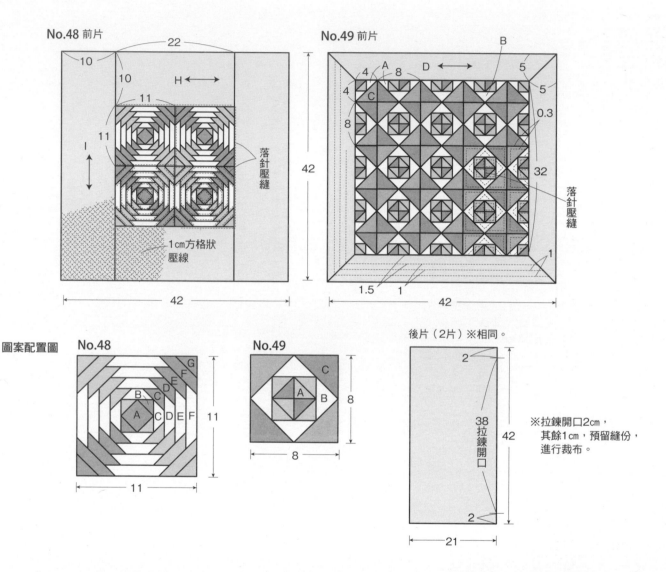

No.48 前片

No.49 前片

落針壓縫

1cm方格狀壓線

落針壓縫

圖案配置圖　**No.48**

No.49

後片（2片）※相同。

※拉鍊開口2cm，
其餘1cm，預留縫份，
進行裁布。

38 拉鍊開口

後片

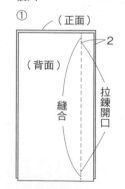

① （正面）（背面）縫合 拉鍊開口

正面相對疊合2片，
預留拉鍊開口，
縫合上下。
（開口進行疏縫）

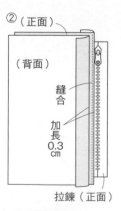

② （正面）（背面）縫合 加長0.3cm 拉鍊（正面）

下方重疊側縫份
加長0.3cm縫合固定

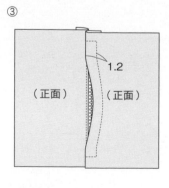

③ （正面）（正面）1.2

翻向正面
縫合固定於拉鍊

縫製方法

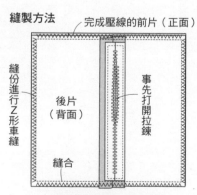

完成壓線的前片（正面）

縫份進行Z形車縫

後片（背面）

事先打開拉鍊

正面相對疊合前片與後片，
進行縫合。縫份進行Z形車縫，
由拉鍊開口翻向正面。

No.52 床罩

◆材料
各式拼接用布片 滾邊用寬4cm斜布條690cm 鋪棉、
胚布各80×400cm

◆作法順序
拼接A至C布片，完成80片圖案，接縫A、D布片，
完成表布→疊合鋪棉、胚布，進行壓線→進行周圍
滾邊（請參照P.84）。

完成尺寸　188×152cm

圖案配置圖

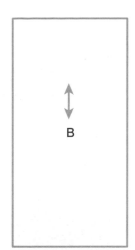

原寸紙型

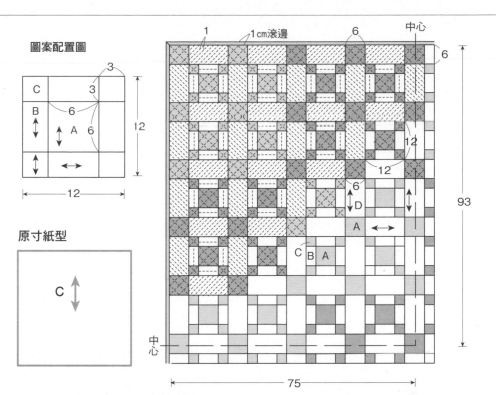

No.51 小物收納盒　●紙型B面⑪（本體與袋口布原寸紙型）

◆材料
底部用布40×20cm（包含本體、口布、提把
部分）　本體用布3種各15×15cm 單膠鋪棉
45×15cm 胚布50×30cm 寬3.5cm蕾絲30cm
寬1cm蕾絲45cm 直徑1cm包芯繩20cm

◆作法順序
依序完成本體、口布、底部、提把→依圖示完
成縫製。

◆作法重點
○縫合返口之後車縫口布。

完成尺寸　高10cm×寬20cm

本體（6片）

10.9

5.3

※表布黏貼原寸裁剪
　的鋪棉。
※胚布相同尺寸。

本體（口布相同作法③至⑤）

① 疊合寬3.5cm蕾絲，進行縫合。
分別接縫4片

② 接合2大片
完成表布

③ 表布（正面）
胚布（背面）
7cm返口

以相同作法拼接完成表布
與胚布，正面相對疊合，
預留返口，進行縫合。

④ 0.2
藏針縫
翻向正面，縫合返口，
進行車縫。

⑤ 梯形藏針縫
正面相對接縫成圈
進行梯形藏針縫

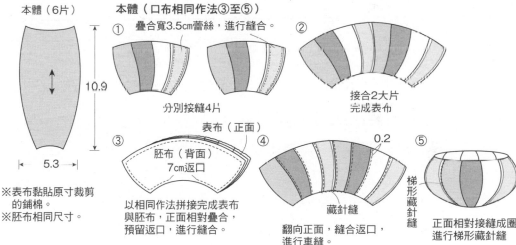

車縫　7cm返口　車縫
12
0.3cm車縫
37.5

底部

① 原寸裁剪的鋪棉
胚布（背面）
表布（正面）
返口

6 返口

表布黏貼鋪棉，
正面相對疊合胚布，
預留返口，進行車縫。

② 表布（正面）
藏針縫
翻向正面
縫合返口

提把

17
4

① 提把（背面）
包芯繩疊放於
提把用布

② 包覆包芯繩
摺疊邊端縫份
進行藏針縫

③ 沿著端部進行平針縫

④ 一邊摺入縫份
一邊拉緊平針縫線

縫製方法

口布接縫處
調整至本體布片中心

① 本體（正面）
底部
底部以藏針縫
縫於本體

② 口布
捲針縫
本體正面相對疊合
口布進行捲針縫

③ 藏針縫
提把
蕾絲
本體邊緣
以藏針縫縫上蕾絲
縫合固定提把

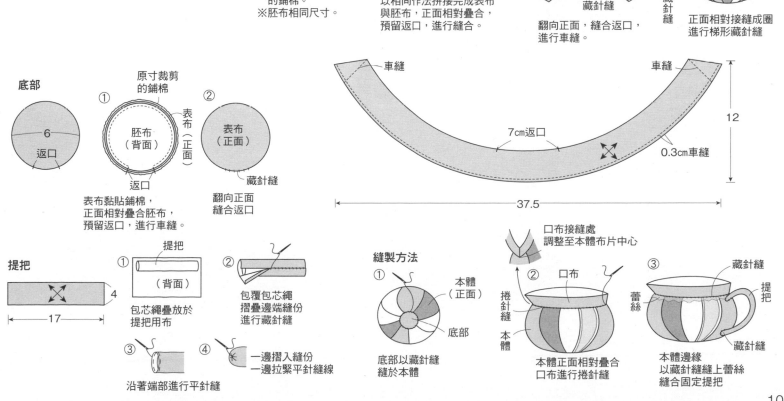

◆材料
三角裝飾用布6.5×6.5cm布片22片　表布35×55cm（包含滾邊、提把部分）單膠鋪棉、胚布各40×35cm

◆作法順序
表布黏貼鋪棉，疊合胚布，進行壓線→口袋分別塞入棉花，沿著開口進行平針縫，拉緊縫線縮小範圍→
製作三角裝飾與提把，暫時固定於本體開口→依圖示完成縫製。

完成尺寸　高7.5　直徑15cm

⑬
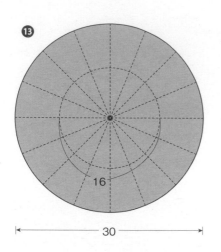

三角裝飾
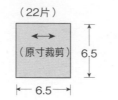

（22片）

（原寸裁剪）

6.5
← 6.5 →

①
（正面）

布片對摺成三角形

②
（正面）

再對摺成三角形

16

30

提把
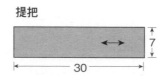
←　30　→
7

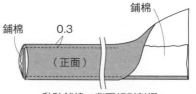
鋪棉　　　0.3　　鋪棉
（正面）

黏貼鋪棉，背面相對對摺，
摺入縫份，進行縫合。

作法

①
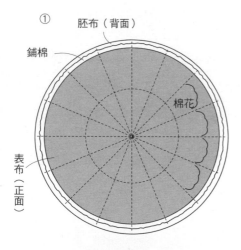
胚布（背面）
鋪棉
棉花
表布（正面）

重疊3層，進行壓線，
由口袋口塞入棉花，
大約塞滿空間的2/3範圍。

②
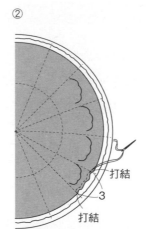
打結
3
打結

沿著開口進行平針縫，拉緊縫線，
調整為1個口袋寬3cm之後打結。
不剪線，直接渡線縫合相鄰口袋口，
完成本體。

③
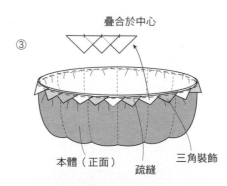
疊合於中心

本體（正面）　　疏縫　　三角裝飾

三角裝飾暫時固定於本體開口部位

④
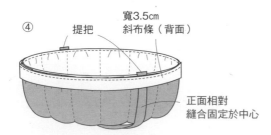
提把
寬3.5cm
斜布條（背面）
正面相對
縫合固定於中心

提把暫時固定於本體開口處，
正面相對疊合斜布條，
進行縫合。

⑤
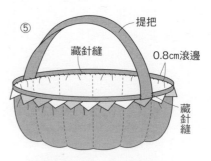
提把
藏針縫
0.8cm滾邊
藏針縫

斜布條翻向正面，進行藏針縫，
立起提把，以藏針縫縫合脇邊。

No.55 迷你波士頓包 ●紙型A面⑪

◆材料（1件的用量）
各式A、E用布片 B用布90×35cm（包含F布片、側身、提把表布部分） C用布40×40cm（包含D布片、提把裡布、拉鍊尾片部分） 裡袋用布、單膠鋪棉各90×45cm 長40cm拉鍊1條 接著襯90×35cm

◆作法順序
拼接A布片，接縫B、C布片，完成前片表布→接縫D至F布片，完成後片表布→前片、後片、下側身的表布背面黏貼鋪棉，進行壓線→製作側身→製作拉鍊尾片→製作提把→製作裡袋→依圖示完成縫製。

完成尺寸 22×38cm

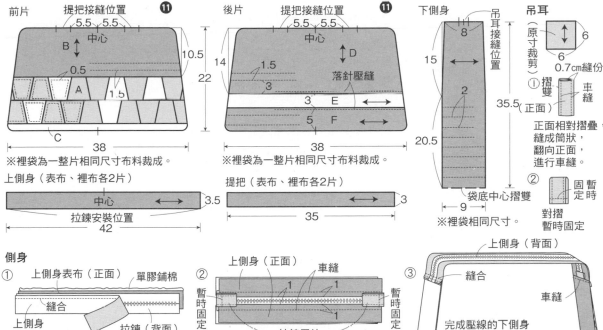

前片 提把接縫位置 ⑪
5.5 5.5
中心
B
0.5
A
1.5
C
38
※裡袋為一整片相同尺寸布料裁成。

後片 提把接縫位置 ⑪
5.5 5.5
中心
D
10.5 14 22
1.5
3
落針壓縫
3 E
5 F
38
※裡袋為一整片相同尺寸布料裁成。

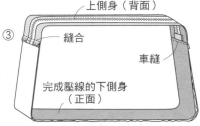

下側身 吊耳接縫位置
8
15
2
35.5
20.5
袋底中心摺雙
9
※裡袋相同尺寸。

吊耳
（原寸裁剪）
6
6
0.7cm縫份
① 摺雙 車縫
正面相對摺疊，縫成筒狀，翻向正面，進行車縫。
② 固定 暫時
對摺暫時固定

上側身（表布、裡布各2片）
中心
拉鍊安裝位置
42 3.5

提把（表布、裡布各2片）
35 3

提把
車縫 表布（正面）
正面相對疊合表布與裡布，縫成筒狀，翻向正面，進行車縫。

裡袋
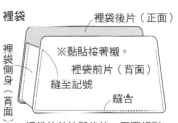
裡袋後片（正面）
裡袋側身（背面）
※黏貼按著襯。
裡袋前片（背面）
縫至記號
縫合
裡袋的前片與後片，正面相對疊合裡袋側身，進行縫合。

側身
① 上側身表布（正面） 單膠鋪棉
縫合
上側身裡布（背面） 拉鍊（背面）
背面黏貼鋪棉的上側身表布，正面相對疊合拉鍊，疊合裡布，進行縫合。

② 上側身（正面） 車縫
暫時固定 1 1 暫時固定
拉鍊尾片
翻向正面，進行車縫，兩端暫時固定拉鍊尾片。

③ 上側身（背面）
縫合 車縫
完成壓線的下側身（正面）
正面相對疊合上側身與下側身，進行縫合，處理縫份倒向，進行車縫。

縫製方法
① 暫時固定 單膠鋪棉
提把 壓線
前片表布黏貼鋪棉，疊合胚布，進行壓線，暫時固定提把。

② 事先打開拉鍊
側身（背面） 後片（背面） 縫合
前片、後片、側身，正面相對疊合，進行縫合。

③ 裡袋（正面）
套入裡袋，由裡袋的側身上部，摺入袋口縫份，進行藏針縫，翻向正面。

提把
本體（正面）

No.54 收納包 ●紙型B面❹（A至C'布片原寸紙型）

◆材料（1件的用量）
A用布35×15cm B至C'用布20×25cm D用布60×60cm（包含滾邊部分） E用布50×85cm（包含F、側身、提把部分） 單膠鋪棉、胚布各50×85cm 長40cm拉鍊2條 寬2cm蕾絲60cm

◆作法順序
拼接布片，完成袋身表布→袋身與側身的表布黏貼鋪棉，疊合胚布，進行壓線→袋身與側身的周圍以斜布條進行滾邊→製作提把→依圖示完成縫製。

完成尺寸 25.5×34cm

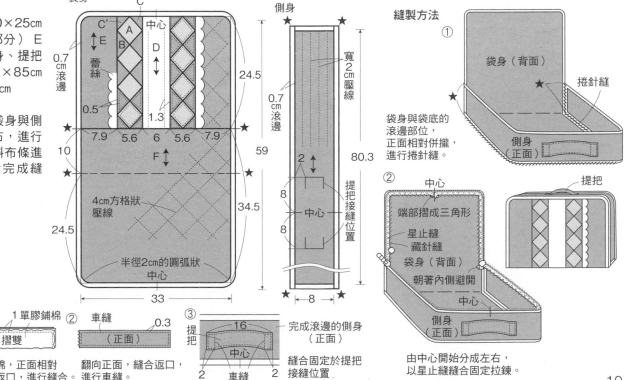

袋身
C' C
E A
B
D
0.7cm滾邊
蕾絲
0.5
1.3
7.9 5.6 6 5.6 7.9
10
F
4cm方格狀壓線
半徑2cm的圓弧狀
中心
33
24.5 34.5 24.5

側身
寬2cm壓線
0.7cm滾邊
24.5 59 80.3
2
8 中心 8
提把接縫位置
8

縫製方法
① 袋身（背面）
捲針縫
側身（正面）
袋身與袋底的滾邊部位，正面相對併攏，進行捲針縫。

② 中心 提把
端部摺成三角形
星止縫
藏針縫
袋身（背面）
朝著內側避開
中心
側身（正面）
由中心開始分成左右，以星止縫縫合固定拉鍊。

提把
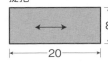
20 8
提把
① 縫合 1單膠鋪棉
返口 摺雙
背面黏貼鋪棉，正面相對摺疊，預留返口，進行縫合。

② 車縫 0.3
（正面）
翻向正面，縫合返口，進行車縫。

③ 16
提把
中心
2 車縫 2
完成滾邊的側身（正面）
縫合固定於提把接縫位置

◆材料

相同 身體表布30×20cm 身體胚布30×30cm（包含斜布條部分） 葉片用布20×15cm（包含腳底部分） 單膠鋪棉35×30cm 厚接著襯25×10cm 長8.5cm拉鍊1條 眼睛用直徑0.4cm串珠、直徑1.2cm包釦心各2顆 直徑0.7cm鈕釦2顆 直徑0.2cm蠟繩60cm YOYO球用布、裝飾用包釦用布片、棉花、填充用塑膠粒、25號繡線各適量

熊 臉部用布30×30cm（包含耳朵、手、腳上部、鼻子、包釦用布部分）

貓 貼布縫用布15×15cm（包含耳朵、手用布部分） 臉部用布30×30cm（包含耳朵、手、腳上部、包釦用布部分）

◆作法順序（2件作法相同）

製作手、腳、耳朵→製作臉部→製作身體前片與後片→製作裝飾→依圖示完成縫製。

◆作法重點

○鋪棉原寸裁剪。

○手、腳、耳朵、身體的前片與後片縫份，分別進行平針縫之後，輕輕地拉緊縫線，倒向內側。

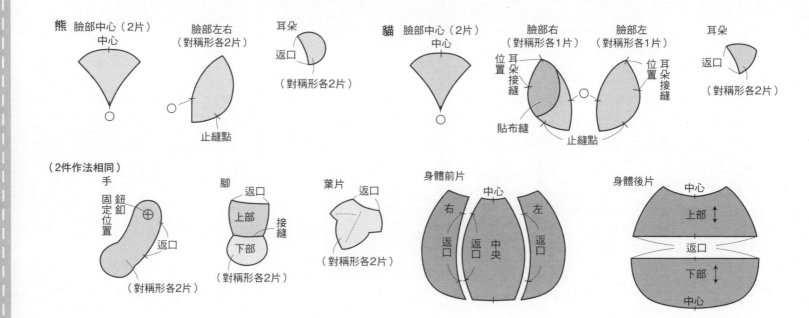

腳、手、耳朵（2件作法相同）

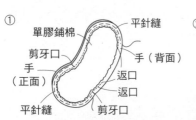

其中一片背面黏貼鋪棉，
正面相對疊合另一片，預留返口，
進行縫合。縫份凹處剪牙口，
曲線部位縫份進行平針縫。
※腳與耳朵作法相同。

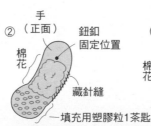

翻向正面，由返口填入塑膠粒。
塞入棉花，摺入返口縫份，進行藏針縫。
※手塞入棉花至鈕釦固定位置下側為止。
※耳朵填入塑膠粒，不塞入棉花。

裝飾（2件作法相同）

① 周圍進行平針縫

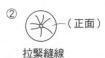

② 拉緊縫線

③ 以原寸裁剪直徑2.2cm圓形布片，包覆完成包釦，以藏針縫縫於中心。

身體前片（2件作法相同）

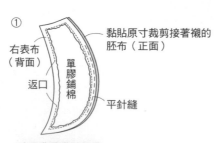

表布背面黏貼鋪棉，
正面相對疊合胚布，
預留返口，進行縫合。
曲線部位縫份進行平針縫。

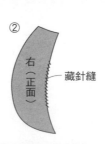

② 翻向正面，縫合返口。
※中央與左作法相同。

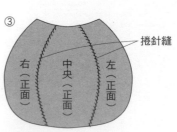

③ 正面相對疊合右、中央、左，
挑縫表布，進行捲針縫。

臉（2件作法相同）

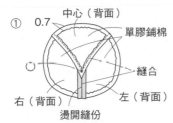

① 0.7
中心（背面）
單膠鋪棉
縫合
右（背面） 左（背面）
燙開縫份

各部位背面分別黏貼鋪棉，
左右、中心依序縫合至〇記號為止。
另一組作法相同。

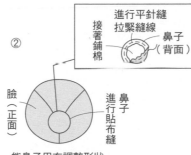

進行平針縫
拉緊縫線
接著鋪棉
鼻子（背面）

臉（正面）
鼻子進行貼布縫

熊鼻子用布調整形狀，
進行貼布縫，縫於前片用臉部。

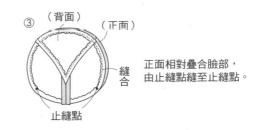

③ （背面）（正面）
縫合
止縫點

正面相對疊合臉部，
由止縫點縫至止縫點。

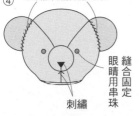

④ 以藏針縫接縫耳朵
眼睛用串珠
縫合固定用串珠
刺繡

翻向正面，以藏針縫接縫耳朵，
縫上眼睛用串珠，
進行刺繡，完成鼻子與嘴巴。

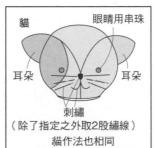

貓
眼睛用串珠
耳朵 耳朵
刺繡
（除了指定之外取2股繡線）
貓作法也相同

⑤ 夾入蠟繩，
以藏針縫縫合
固定包釦。
蠟繩
顏
包釦
身體後片
腳 腳

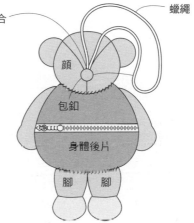

身體後片（2件作法相同）

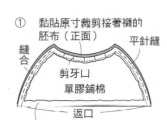

① 黏貼原寸裁剪接著襯的
胚布（正面）
縫合 平針縫
剪牙口
單膠鋪棉
返口
後面上部表布（背面）

表布背面黏貼鋪棉，
正面相對疊合胚布，
與前片①作法相同。
※後片下部作法也相同。

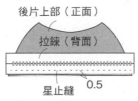

② 後片上部（正面）
拉錬（背面）
星止縫 0.5

翻向正面，返口側正面相對疊合
拉錬，以星止縫縫合固定。
※後片下部與拉錬也以相同作法縫合。

縫製方法（2件作法相同）

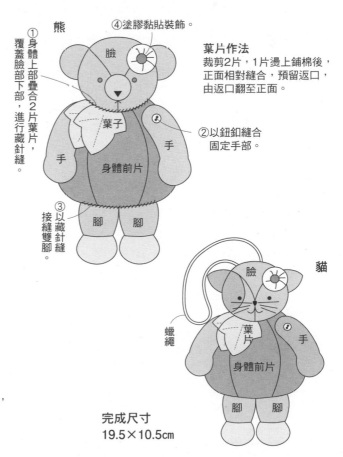

熊
④塗膠黏貼裝飾。
①身體上部疊合下部，覆蓋臉部下部，進行藏針縫。
臉
葉子
手
手
身體前片
②以鈕釦縫合固定手部。
③以藏針縫接縫雙腳。
腳 腳

葉片作法
裁剪2片，1片燙上鋪棉後，
正面相對縫合，預留返口，
由返口翻至正面。

貓
臉
蠟繩
葉片
手
身體前片
腳 腳

完成尺寸
19.5×10.5cm

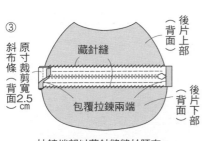

③ 斜布條原寸裁剪寬（背面2.5cm）
藏針縫
後片上部（背面）
後片下部（背面）
包覆拉錬兩端

拉錬端部以藏針縫縫於胚布，
以斜布條包覆。

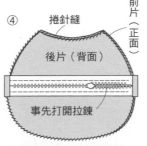

④ 捲針縫
前片（正面）
後片（背面）
事先打開拉錬

正面相對疊合前片與後片，
一邊挑縫表布，一邊進行捲針縫，
翻向正面。

◆材料（1件的用量）
各式拼接、前片用布片　後片用布30×30cm　上側身用布35×10cm　下側身用布100×15cm（包含吊耳部分）　袋蓋用布25×10cm　口袋側身用布55×10cm　鋪棉100×50cm　胚布75×45cm　袋蓋裡布55×25cm（包含口袋與口袋側身胚布部分）　滾邊用寬3.5cm斜布條70cm　長30cm拉鍊1條　內尺寸2cm D型環4個　內尺寸2.5cm活動鉤、內尺寸2.5cm日形環各2個　肩背帶用寬2.3cm帶狀皮革200cm　直徑1.8cm縫式磁釦2組

◆作法順序
拼接布片，完成前片表布→前片與後片的表布，疊合鋪棉與胚布，進行壓線→製作側身→製作口袋→製作袋蓋→製作吊耳→依圖示完成縫製。

完成尺寸　26×24cm

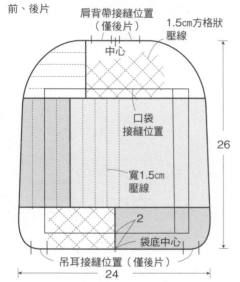

前、後片

※後片為一整片相同尺寸布料裁成。進行2.5cm方格狀壓線。
※胚布預留縫份1.5cm進行裁布。

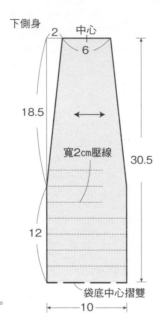

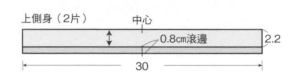

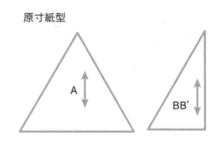

原寸紙型

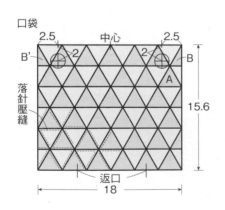

口袋

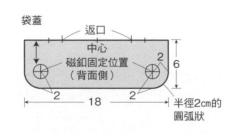

袋蓋

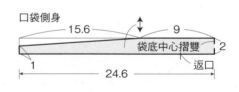

口袋側身

側身

① 表布疊合鋪棉、胚布，併攏完成滾邊的2片上側身，暫時固定。

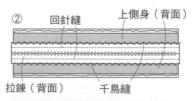

② 翻向背面，滾邊部位上方疊合拉鍊，以回針縫縫合固定。拉鍊邊端進行千鳥縫。

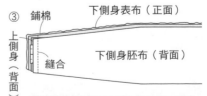

③ 背面疊合鋪棉的下側身表布與上側身，正面相對疊合，以下側身胚布夾縫。另一片也以相同作法進行縫合。

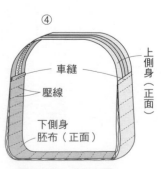

④ 翻向正面，進行車縫，進行壓線。

口袋

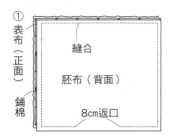

① 表布（正面）

縫合

胚布（背面）

鋪棉

8cm返口

拼接A至B'布片完成表布，
正面相對疊合胚布，
疊合鋪棉，預留返口，進行縫合。
※口袋側身與袋蓋也以相同作法完成縫製。

② 壓線

口袋（正面）

藏針縫

沿著縫合針目邊緣修剪鋪棉，
翻向正面，縫合返口，
進行壓線。
※口袋側身作法相同。

③ 梯形藏針縫　口袋（正面）

口袋（正面）

口袋三邊與口袋側身併攏，
進行梯形藏針縫。

④ 車縫　藏針縫

1　0.5

袋蓋（正面）

如同②作法，
縫合袋蓋返口之後，
車縫袋蓋。

縫製方法

① 袋蓋（背面）　距離2cm

安裝磁釦　藏針縫

口袋（正面）

前片（正面）

完成壓線的前片
以藏針縫接縫口袋與袋蓋

② 暫時固定

長100cm帶狀皮革

後片（正面）

吊耳

暫時固定

完成壓線的後片
暫時固定帶狀皮革與吊耳

③ 事先打開拉鍊　後片胚布（背面）

縫合

前片（背面）

藏針縫

側身（背面）

0.7

正面相對疊合前片、後片、側身，
進行縫合。
以前片或後片的胚布，
包覆處理縫份。

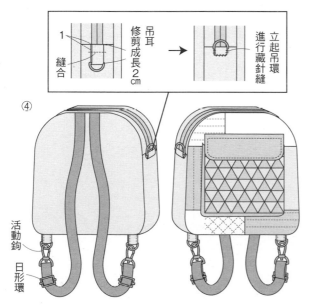

1　縫合

吊耳修剪成長2cm

→ 立起吊環進行藏針縫

④

活動鉤

日形環

翻向正面，吊耳縫合固定於側身，
肩背帶穿套活動鉤與日形環。

吊耳（4片）

（8片）

7

2

吊耳

① （背面）（正面）

鋪棉

沿著縫合針目邊緣修剪

縫合

正面相對疊合2片，
疊合鋪棉，縫成筒狀。

② （正面）　D型環

車縫

暫時固定

翻向正面，進行車縫，
穿套D型環，暫時固定。

PATCHWORK 拼布教室

國家圖書館出版品預行編目(CIP)資料

Patchwork拼布教室28：零碼布的愛用法則：漫玩秋天的有趣拼布/ BOUTIQUE-SHA授權；林麗秀, 彭小玲譯.
-- 初版. -- 新北市：雅書堂文化事業有限公司, 2022.11
　面；　公分. -- (Patchwork拼布教室；28)
ISBN　978-986-302-647-1(平裝)

1.CST: 拼布藝術　2.CST: 手工藝

426.7　　　　　　　　　　　　　　111016699

授　　　　權／BOUTIQUE-SHA
譯　　　者／彭小玲・林麗秀
社　　　長／詹慶和
執 行 編 輯／黃璟安
編　　　輯／蔡毓玲・劉蕙寧・陳姿伶
封 面 設 計／韓欣恬
美 術 編 輯／陳麗娜・周盈汝
內 頁 編 排／造極彩色印刷
出 版 者／雅書堂文化事業有限公司
發 行 者／雅書堂文化事業有限公司
郵 政 劃 撥 帳 號／18225950
郵 政 劃 撥 戶 名／雅書堂文化事業有限公司
地　　　址／新北市板橋區板新路206號3樓
電　　　話／(02)8952-4078
傳　　　真／(02)8952-4084
網　　　址／www.elegantbooks.com.tw
電 子 郵 件／elegant.books@msa.hinet.net

原書製作團隊

編 輯 長／関口尚美
編　　　輯／神谷夕加里
編 輯 協 力／佐佐木純子・三城洋子・谷育子
攝　　　影／腰塚良彦・藤田律子（本誌）・山本和正
設　　　計／和田充美（本誌）・小林郁子・多田和子
　　　　　　松田祐子・松本真由美・山中みゆき
製　　　圖／大島幸・小池洋子・為季法子
繪　　　圖／木村倫子・三林よし子
紙 型 描 圖／共同工芸社
製圖・描圖／松尾容巳子

PATCHWORK KYOSHITSU (2022 Autumn issue)

2022年11月初版一刷　定價／420元

總經銷／易可數位行銷股份有限公司
地址／新北市新店區寶橋路235巷6弄3號5樓
電話／（02）8911-0825　傳真／（02）8911-0801